杭州市青年科技人才培育工程

发现星辰

——从创新思维到发明专利

主编　何碧珩　陈　钢　曹　宇

浙江科学技术出版社

图书在版编目（CIP）数据

发现星辰——从创新思维到发明专利 / 何碧珩，陈钢，曹宇主编．— 杭州：浙江科学技术出版社，2020.9

ISBN 978-7-5341-8841-1

Ⅰ．①发… Ⅱ．①何… ②陈… ③曹… Ⅲ．①创造性思维②专利—基本知识 Ⅳ．① B804.4 ② G306

中国版本图书馆 CIP 数据核字（2019）第 239164 号

书　　名　发现星辰——从创新思维到发明专利
主　　编　何碧珩　陈　钢　曹　宇

出版发行　浙江科学技术出版社
杭州市体育场路 347 号　邮政编码：310006
办公室电话：0571-85176593
销售部电话：0571-85062597
网　址：www.zkpress.com
E-mail：zkpress@zkpress.com
排　　版　杭州立飞图文制作有限公司
印　　刷　杭州富春印务有限公司

开　　本	710 × 1000　1/16	印　张	7.5
字　　数	100 000		
版　　次	2020 年 9 月第 1 版	印　次	2020 年 9 月第 1 次印刷
书　　号	ISBN 978-7-5341-8841-1	定　价	39.80 元

责任编辑　方　裕　　责任校对　顾旻波
责任美编　金　晖　　责任印务　田　文

《发现星辰——从创新思维到发明专利》
编委会

寄　语

自主创新，方法先行；创造发明，专利为营。

倪光南院士

序

在当今世界，国与国之间乃至城市与城市之间的创新竞争，已经成为社会、经济与科技发展的主要驱动力。

世界知识产权组织（WIPO）自2007年起每年发布全球创新指数报告，2018年7月发布的全球创新指数报告引起各界关注，因为据该报告结果，中国第一次进入全球创新指数排名前20名，列第17名。至2019年，中国又上升至第14名。该报告还列出了全球前100个科技创新城市集群的榜单，2018年杭州市在榜上列全球第41名，2019年则跃升到第30名。这些反映了我国在科技创新方面付出了极大努力，并在持续进步。

知识经济时代，需要大量的懂得发明创造基本原理的科技与管理人才。几十年来，专家们对科技创新进行了科学的总结和归纳，指出：发明创造是有方法论的；普及和推广这些方法，就能够造就一批创新型人才，输出一批高价值的发明。

知识经济时代，有了好的发明，就应当积极申请专利，把创意落地为专利权。美国南加州大学校长曾撰文写道："今天的年轻人，如果不懂知识产权的基本道理以及知识产权在科学、商业、艺术和日常工作中的角色，那他在明天的世界中一定会处于劣势。"需要指出的是，2017年美国南加州大学在全美率先设立"创业者知识产权指南"课程，向全校研究生开放。该课程的主要内容是知识产权领域中专利、版权、商标、商业秘密等基础知识，以及关于知识产权对每个人的工作行业、职场生涯等方方面面的影响。我们很高兴地看到，有一些中小学开始注重创新和专利的教学，并取得了一定的成绩，比如杭州市采荷实验学校的陈飞扬同学，其发明多次在青少年科技创新大赛中获奖，同时申请了专利。

十八大以来，中国科技创新能力显著增强，创新资源投入不断增加，知识创造能力稳步提升。

本书的三位主编希望能够让更多的人了解发明创新和各类专利及其经济价值，为保持我国科技创新的良好动能和强劲动力贡献他们的一份绵薄之力。作者的创新心意着实可嘉。这是一本很好的科技创新与专利知识的科普读物，具有较高的指导和参考价值。应好友陈钢先生的邀约，特写此序以飨读者。

国家级有突出贡献中青年专家

浙江省特级专家　刘祥官

原浙江省政府参事

2019年9月于浙江大学求是村

目 录

第一章

创新方法

第一节　创新方法概述

人类的发明创造能力并非天生，而是通过后天培养和挖掘出来的。创造的主体是人，创造是人有目的地控制和调节的活动。创新的实质是创新思维。人们或多或少存在着惯性思维，思考问题时会存在某些盲点，缺少创新或改变的可能性。要打破惯性思维，就必须采取非常手段，从生理学、心理学、哲学、生物学和方法论等不同层面着手，消除创造性思维的障碍。我们改造世界的活动从本质上讲很简单，就是发现问题、分析问题和解决问题。然而，问题往往不在于生活的表象，因此我们不仅要仔细地观察，更要深入细致地思考。要善于探索和发现事物发展的规律，从中找出解决问题的方法。

创新是一个国家、一个民族发展的灵魂，先进的创新方法是提升一个国家总体科技创新能力和科技创新水平的关键。

创新方法是科学思维、科学方法和科学工具的总称。创新方法有很多种，下面简单介绍几种常用的创新方法：

1. 头脑风暴法。头脑风暴法是一种集体开发创新性思维的方法。

2. 试错法。试错法是指人们通过反复尝试运用各式各样的方法或理论，使错误或不可行的方案逐渐减少，最终能够正确解决问题的一种方法。

3. 形态分析法。形态分析法是一种从系统论的观点看待事物的创新思维方法。

4. 决策树法。决策树法是通过图示罗列解题的有关步骤以及各步骤发生的条件与结果的一种方法。

5. 发明问题解决理论。1946 年，根里奇 · 阿奇舒勒（Genrich S. Altshuller）等学者在研究了世界各国上百万个高水平专利的基础上，提出了一套体系相对完整的解决发明创造问题的理论，为发明问题解决理论（TRIZ）的问世和发展奠定了基础。相对于传统的创新方法如头脑风暴法、试错法等，发明问题解决理论是一种被广泛应用的创新方法。

第二节 TRIZ 的理论体系

一、概述

TRIZ 经过 70 余年的发展，已经形成了较为完善的理论体系，见图 1-1。

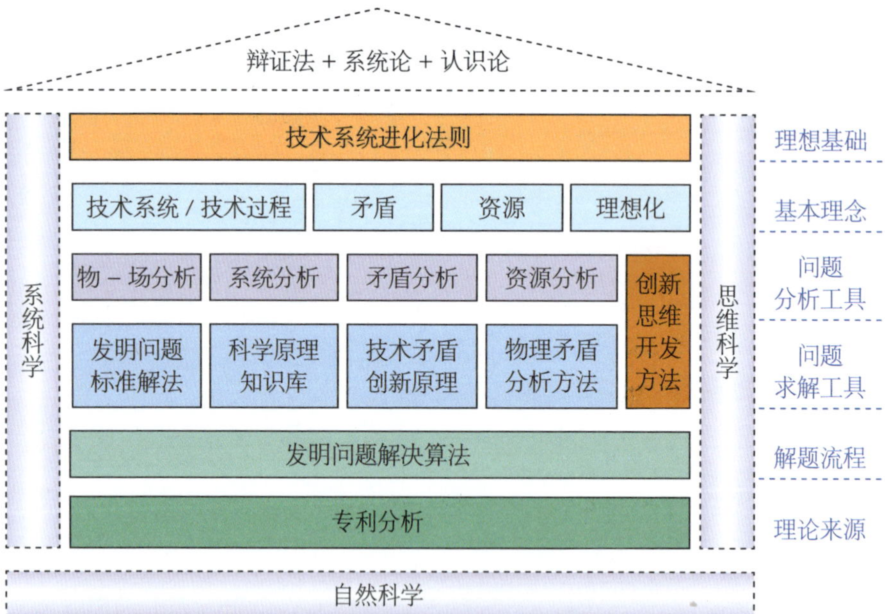

图 1-1 TRIZ 的理论体系

TRIZ 理论成功地揭示了创造发明的内在规律和原理，着力于澄清和强调系统中存在的矛盾，其目标是完全解决矛盾，获得最终的理想解，而不是采取折中或者妥协的做法。并且它是基于产品技术的发展演化规律，研究的是整个设计与开发过程，而不再是随机的行为。

二、TRIZ 的九大经典理论体系

TRIZ 的九大经典理论体系见图 1–2。

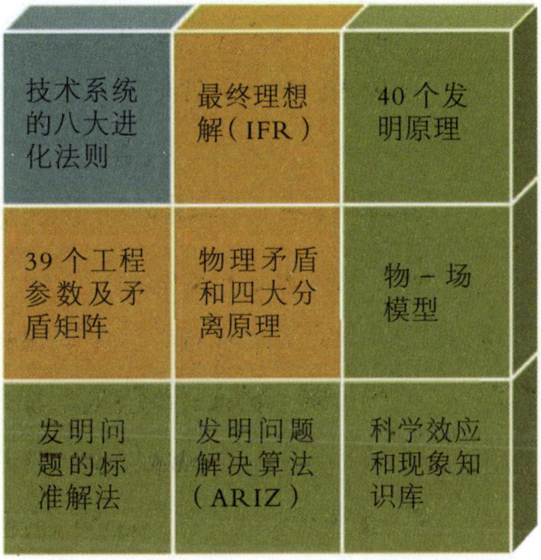

图 1–2　TRIZ 的九大经典理论体系

（一）技术系统的八大进化法则

针对技术系统进化演变规律，在大量专利分析的基础上，TRIZ 理论总结提炼出以下八大进化法则：

1. S 曲线进化法则。

2. 提高理想度法则。

3. 子系统不均衡进化法则。

4. 动态性进化法则。

5. 系统集成后再简化法则。

6. 子系统协调性进化法则。

7. 向微观级和增加场应用的进化法则。

8. 减少人工介入的进化法则。

技术系统的八大进化法则可以应用于产生市场需求、定性技术预测、产生新技术、运筹专利布局，还可以用来解决难题、预测技术系统，是解决创造性问题的有力工具。

（二）最终理想解

TRIZ 理论主张在解决问题之初首先抛开各种客观限制条件，通过理想化来定义问题的最终理想解（IFR），以明确理想解所在的方向和位置，保证在解决问题过程中沿着此目标前进并获得最终理想解，从而避免了传统创新方法中缺乏目标的弊端，提高了创新设计的效率。如果将创造性解决问题的方法比作通向胜利的桥梁，那么最终理想解就是这座桥梁的桥墩。

（三）40 个发明原理

通过对大量高价值的专利进行研究、分析和总结，阿奇舒勒提炼出了 TRIZ 中重要的 40 个发明原理。

（四）39 个工程参数及矛盾矩阵

为了更好地解决实际问题，阿奇舒勒总结出 39 个工程参数，专门用于描述技术系统所发生的问题的参数属性，以帮助实现具体问题的一般性表达。

阿奇舒勒将 39 个工程参数与 40 个发明原理有机地联系起来，创建了矛盾矩阵，作为解决技术矛盾的工具。在矛盾矩阵中，矩阵的横轴表示希望得到改善的参数，矩阵的纵轴表示某技术特性改善引起恶化的参数，矩阵的横纵轴各参数交叉处的数字表示用来解决系统矛盾时所使用发明原理的编号。

（五）物理矛盾和四大分离原理

当技术系统的某一个工程参数具有相反或不同的需求时，物理矛盾就出现了。比如，系统的某个参数既要求出现又要求不出现，或既要求高又要求低，或既要求大又要求小。相对于技术矛盾而言，物理矛盾是一种更尖锐的矛盾，它可以通过分离原理解决。分离方法共有 11 种，可归纳概括为四大分离原理，分别是空间分离、时间分离、基于条件的分离以及整体与部分的分离。

（六）物–场模型

阿奇舒勒认为，每一个技术系统都可由许多功能不同的子系统组成，因此，每一个系统都有它的子系统，而每个子系统都可以再进一步细分，直至分了、原子、质子与电子等微观层次。无论大系统、子系统，还是微观层次，都具有功能，所有的功能都可以分解为两种物质和一个场。

在物 – 场模型的定义中，物质是指某种物体或过程，可以是整个系统，也可以是系统内的子系统或单个的物体，甚至可以是环境，由实际情况决定。场是指完成某种功能所需的手法或手段，通常是一些能量形式，如磁场、重力场、电能、热能、化学能、机械能、声能、光能。物　场模型是 TRIZ 理论中的一种分析工具，是用于与已存在的系统或新技术系统问题建立联系的功能模型。

（七）发明问题的标准解法

标准解法是阿奇舒勒于 1985 年创立的，共有 76 个，分成 5 级，各级解法的先后顺序反映了技术系统必然的进化过程和进化方向。标准解法可以将标准问题在一两步内快速解决。标准解法是阿奇舒勒后期进行 TRIZ 理论研究的最重要的课题，同时也是 TRIZ 高级理论的精华。

（八）发明问题解决算法

发明问题解决算法（ARIZ）是基于技术系统进化法则的一套完整的分析问题、解决问题的方法，主要应用于问题情境复杂、矛盾及其相关部件不明确的技术系统。它是一个对初始问题进行一系列变形及再定义等非计算性的逻辑过程，其目标是实现对问题的逐步深入分析和转化，直至问题的解决。

ARIZ 是 TRIZ 的主要工具之一，它特别强调矛盾与理想解的程式化，一方面技术系统向着理想解的方向进化，另一方面如果一个技术问题存在矛盾需要克服，该问题就变成了一个创新问题。

ARIZ 中，冲突的消除有强大的效应知识库的支持。效应知识库包含物理、化学、几何等效应。作为一种规则，经过分析与效应的应用后问题仍无解，则认为初始问题定义有误，需对问题重新进行更一般化的定义。

应用 ARIZ 取得成功的关键是在没有理解问题的本质前，要不断地对问题进行细化，直到确定物理矛盾。该过程及物理矛盾的求解已有软件支持。

ARIZ 最初由阿奇舒勒于 1977 年提出，随后经过多次完善才形成比较完善的理论体系，ARIZ-85 包括九大步骤：①分析问题；②分析问题模型；③陈述 IFR 和物理矛盾；④动用物－场资源；⑤应用知识库；⑥转化或替代问题；⑦分析解决物理矛盾的方法；⑧利用解法方案；⑨分析问题解决的过程。

（九）科学效应和现象知识库

基于对大量专利的分析，阿奇舒勒总结了大量的物理、化学、几何效应，每一个效应都可能用来解决某一类问题。为了帮助工程师们利用这些科学效应来解决工程技术问题，在阿奇舒勒的提议下，TRIZ 研究者共同开发了效应知识库。

科学效应和现象的应用，对发明问题的解决具有超乎想象的、强有力的帮助。应用科学效应和现象应遵循 5 个步骤，解决发明问题时会经常遇到需要实现的 30 种功能，这些功能的实现经常要用到 100 个科学现象。

TRIZ 理论的核心思想主要体现在三个方面。第一个方面，无论是一个简单的产品还是复杂的技术系统，其核心技术都是遵循着客观的规律发展演变的，即具有客观的进化规律和模式；第二个方面，各种技术难题、矛盾和矛盾的不断解决是推动这种进化过程的动力；第三个方面，就是技术系统发展的理想状态是用尽量少的资源实现尽量多的功能。

三、应用 TRIZ 理论的一般过程

（一）解决发明创造问题的一般方法

1. 将要解决的特殊问题加以定义，使之明确。

2. 根据 TRIZ 理论提供的方法，将需要解决的特殊问题转化为类似的标准问题，进而针对类似的标准问题总结、归纳出类似的标准解决方法。

3. 依据类似的标准解决方法解决用户需要解决的特殊问题。当然，某些特殊的问题也可以通过试错法或头脑风暴法直接解决，但难度很大。

TRIZ 理论解决发明创造问题的一般求解过程见图 1-3。

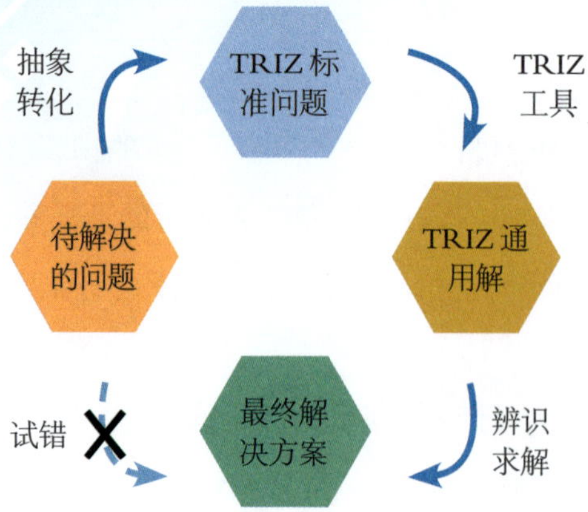

图 1-3　TRIZ 理论解决发明创造问题的一般求解过程

（二）TRIZ 理论的主要工具体系

TRIZ 理论的主要工具体系见表 1-1。

表 1-1　TRIZ 理论的主要工具体系

问题模型	工具	解决方案模型
技术矛盾	矛盾矩阵	创新原理
物理矛盾	分离原理	创新原理、标准解
物－场模型	标准解系统	标准解
功能化模型	知识库	知识库中的方案

（三）TRIZ 理论解决问题的一般步骤

TRIZ 理论解决问题的一般步骤见图 1-4。

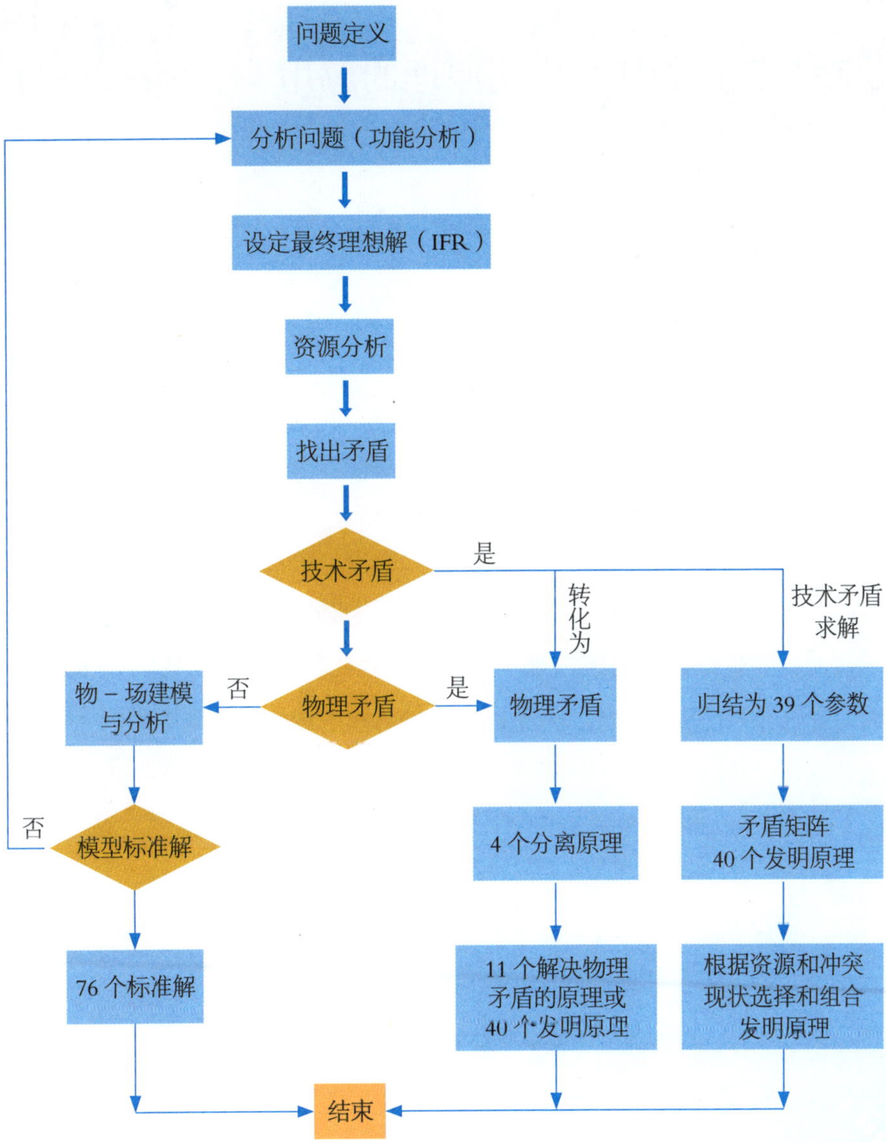

图 1-4　TRIZ 理论解决问题的一般步骤

| 第三节 |　40 个发明原理的应用

一、40 个发明原理简介

阿奇舒勒通过对大量的专利进行研究、分析和总结，提炼出了 TRIZ 中最重要的、具有普遍用途的 40 个发明原理，原理蕴含了人类发明创新所遵循的共性，是 TRIZ 中用于解决矛盾（问题）的基本方法。这些原理与其他一些传统方法的区别是，它们是建立在研究专利的基础上产生的，因而更具有效性和实用性，也比较容易学习和掌握，实际使用频率也最高。

二、40 个发明原理描述和举例

1. 分割

（1）原理描述：分割原理是指以虚拟的方式或真实的方式将一个系统分成多个部分，以便分解（分开、分隔、抽取）或合并（结合、集成、联合）一种有益或有害的系统属性。

（2）指导原则：一是将一个物体分割为相互独立的几个部分；二是将一个物体分为容易组装和拆卸的部分；三是增加物体被分割的程度，以实现系统的改造。

（3）举例：将一本书划分为多个章节，以改善图书的陈述方式。

2. 抽取

（1）原理描述：抽取原理是指从整体中分离出有用的（或有害的）部分（或属性）。由于每个物体都是一个矛盾体，同时存在着正面和负面、必要的和不必要的因素，因此我们可以通过抽取的方法使系统增值。

（2）指导原则：从物体中抽取负面的部分（或属性），亦可以从物体中抽取必要的部分（或属性）。

（3）举例：利用避雷针，把雷雨云中的电荷引入大地，从而避免建筑等物体因遭受雷击而被破坏。

3. 局部质量

（1）原理描述：局部质量原理是指在一个对象中，特殊的（特定的）部分应该具有相应的功能或条件，能够最好地适应其所在的环境，或更好地满足特定的要求。

（2）指导原则：一是从物体或外部介质（外部作用）的一致结构变成不一致结构；二是使组成物体的不同部分完成不同的功能；三是使组成物体的每一部分都最大限度地发挥作用。

（3）举例：瑞士军刀带多种常用工具（剪刀、尖刀等）。

4. 增加不对称性

（1）原理描述：增加不对称性原理涉及从“各向同性”向“各向异性”的转换，或者是与之相反的过程。各向同性是指无论在对象的哪个部位，沿着哪个方向进行测量，都是对称的。各向异性是指不对称，即在对象的不同部位或沿着不同的方向进行测量，测量结果是不同的。

（2）指导原则：一是物体的对称形式转为不对称形式；二是如果物体不是对称的，则加强它的不对称程度。

（3）举例：防撞汽车轮胎具有一个高强度的侧缘，以抵抗人行道路缘石的碰撞。

5. 组合

（1）原理描述：组合原理是指为了提高效率或改善性能，可以将相同的物体或相类似的操作进行组合。

（2）指导原则：一是把空间上相似的物体连接在一起，使其完成并行操作；二是把时间上相同或类似的操作联合起来。

（3）举例：双联显微镜组由一个人操作，另一个人观察和记录。

6. 多功能性

（1）原理描述：多功能性原理也叫多用性或通用性原理，是将不同的功能或非相邻的操作合并，让一个对象具备多项功能，从而消除这些功能在其他对象内存在的必要性，使对象具备多用性，因而可以产生在其他情况下不存在的机会及协同优势。

（2）指导原则：一是使一个物体具备多项功能；二是消除了该功能在其他物体内存在的必要性。

（3）举例：卷尺腰带既可以测量腰围，又可以当腰带使用。

7. 嵌套

（1）原理描述：嵌套原理是指通过递归的方法将一个对象放入另一个对象的内部，或让一个对象通过另一个对象的空腔而实现嵌套，即对象间彼此吻合、彼此组合、内部配合。

（2）指导原则：一是第一个物体位于第二个物体之内，而第二个物体又位于第三个物体之内，依此类推；二是一个物体穿过另一个物体的空腔而实现嵌套。

（3）举例：为了节省空间，将推拉门推进墙内的空腔。

8. 重量补偿

（1）原理描述：重量补偿原理是指通过一个相反的平衡力来抵消一个不良的（或不希望有的）力。

（2）指导原则：一是将物体与具有上升力的另一物体组合，以抵消其重量；二是通过与环境（利用空气动力和流体动力）的相互作用来抵消物体的重量。

（3）举例：为了降低阻力，磁悬浮列车靠磁铁的吸力和斥力使列车悬浮在轨道上方。

9. 预先反作用

（1）原理描述：预先反作用原理是指根据可能出现的问题，提前采取行动来消除问题、降低问题的危害或者防止问题的出现。

（2）指导原则：一是事先施加机械作用力，以抵消工作状态下不期望的过大作用力；二是如果处于或将处于受力状态，则应提前施加反作用力。

（3）举例：提前进行专利布局，避免专利侵权。

10. 预先作用

（1）原理描述：预先作用原理是指在真正发挥某种作用之前，预先执行该作用的全部或一部分。

（2）指导原则：一是在应用之前，预先对物体（全部或部分）做必要的改变；二是做预先安排，使其能第一时间在最方便的地方投入使用，避免时间的浪费。

（3）举例：手术前，将手术器具按需要使用的顺序排列整齐。

11. 事先防范

（1）原理描述：事先防范原理是指对可能发生的事情预置防范措施，以防止或降低危险的发生。

（2）指导原则：以事先准备好的应急措施补偿物体的低可靠性。

（3）举例：汽车安全气囊。

12. 等势

（1）原理描述：等势原理是指改变工作条件，使物体上升或下降。

（2）指导原则：一是在系统或程序内所有的通过点建立在同一个势能状态下达成系统效益；二是在系统内部建立相关性，使系统可以支持等势状态；三是建立连续与完全相连接的关系。

（3）举例：公交车站的台阶与公交车的台阶一样高。

13. 反向作用

（1）原理描述：反向作用原理是指事物以某种特定方式构成或者作用，尝试通过相反的方式构成或执行操作，以避免伴随的问题。

（2）指导原则：一是用相反的动作替代原有的动作；二是使物体或外部介质的可动部分不动，使不动部分可动；三是将物体上下颠倒或内外翻转。

（3）举例：股市操作中的逆向思维，在绝望时做多，在欢乐至疯狂时做空。

14. 曲面化

（1）原理描述：曲面化原理是指使用弯曲或球面的元件取代线性的元件，用转动来取代直线运动。

（2）指导原则：一是从直线部分过渡到曲线部分，从平面过渡到球面，从正六面体或平行六面体过渡到球形结构；二是使用滚轮、球状、螺旋状结构；三是从直线运动过渡到旋转运动，利用离心力。

（3）举例：甩干机的电机高速旋转时产生离心力，可以去除衣物上的水分。

15. 动态特性

（1）原理描述：动态特性原理是指使系统的状态或特性变成短暂、临时、可移动、可调整、具有弹性或可变化的。

（2）指导原则：一是物体（或外部介质）的特性的变化应当在每一工作阶段都是最佳的；二是将物体分成彼此相对移动的几个部分；三是使不动的物体成为可动的。

（3）举例：笔记本电脑可折叠，使用时可以打开，便于操作；不用时合起来，便于保护和携带。

16. 未达到或过度的作用

（1）原理描述：未达到或过度的作用原理是指如果难以百分之百实现所要求的功效，则应当选取略小或略大的功效。

（2）指导原则：如果很难实现理想效果，则使用“较多一点”或“较少一点”的做法来简化问题。

（3）举例：在喷涂汽车时，先过量喷涂，再去除多余。

17. 空间维度变化

（1）原理描述：空间维度变化原理是指改变线性系统的方向，使其从垂直变成水平、水平变成对角线或水平变成垂直等。

（2）指导原则：一是如果物体做线性运动（或分布）有困难，则使物体在二维度上移动，相应地，在一个平面上的运动（或分布）可以过渡到三维空间；二是利用多层结构替代单层结构；三是将物体倾斜或侧置；四是利用指定面的反面；五是利用投向相邻面或反面的光流。空间维度变化原理的第一方面可以和嵌套原理以及动态特性原理联合，形成一个代表技术系统总发展趋势的链：从点到线，然后到面，再到体，最后到许多个物体的共存。

（3）举例：立体停车场。

18. 机械振动

（1）原理描述：机械振动原理是指使用振动或者周期性振荡，使物体出现规则与周期性的变化。

（2）指导原则：一是使物体振动；二是如果物体已在振动，则提高它的振动频率（甚至达到超声波频率）；三是使用共振频率；四是用压电振动器替代机械振动器；五是利用超声波振动与电磁场耦合。

（3）举例：超声波测距仪。

19. 周期性作用

（1）原理描述：周期性作用原理是指改变实施作用的方式，以达到所要的效果。

（2）指导原则：一是从连续作用过渡到周期作用（脉冲）；二是如果作用已经是周期的，则改变运动频率；三是利用脉冲的间歇完成其他作用。

（3）举例：变频空调。

20. 有效作用的连续性

（1）原理描述：有效作用的连续性原理是指建立连续性的作用或移除所有停滞、间接的运动以增进效率。

（2）指导原则：一是物体的所有部分一直满负荷工作；二是消除空转和间歇运转。

（3）举例：打印机的打印头在回程中也进行打印。

21. 减少有害作用的时间

（1）原理描述：减少有害作用的时间原理是指如果某个事物在一个给定速度下出现问题，则使其速度加快。

（2）指导原则:快速执行一个危险或有害的作业,以消除有害的副作用。

（3）举例：牙医使用高速电钻修补牙齿，避免烫伤病人的牙组织。

22. 变害为利

（1）原理描述：变害为利原理是指害处已经存在，需要寻找各种方式，从中取得有用的价值。

（2）指导原则：一是利用有害因素（特别是环境的有害作用）获得有益的效果；二是通过有害因素与其他有害因素的结合来消除有害因素；三是将有害因素削弱到不再是有害的程度。

（3）举例：废品回收后的二次利用。

23. 反馈

（1）原理描述：反馈原理是指将一种系统的输出作为输入返回到系统中，以增强对输出的控制。

（2）指导原则：一是在系统中引入反馈；二是如果已引入反馈，则对其进行改善。

（3）举例：感应式水龙头。

24. 借助中介物

（1）原理描述：借助中介物原理是指利用某种可轻松去除的中间载体、阻挡物或过程，在不相容的部分、功能、事件或情况之间经调节或协调而建立的一种临时链接。

（2）指导原则：一是使中介物实现所需功能；二是把一个物体与另一个（易分开的）物体暂时结合。

（3）举例：将粉末状药与胶囊结合。

25. 自服务

（1）原理描述：自服务原理是指在执行主要功能（或操作）的同时，以协同或并行的方式执行相关功能（或操作）。

（2）指导原则：一是物体通过执行辅助或维护功能而服务自身；二是利用废弃的能源与物质。

（3）举例：自助取款机。

26. 复制

（1）原理描述：复制原理是利用一个拷贝、复制品或模型来代替因成本过高而不能使用的事物。

（2）指导原则：一是用简单而便宜的复制品代替难以获得的、复杂的、昂贵的、不方便的或易损坏的物体；二是用光学复制品（图像）代替实物或实物系统，可以按一定比例放大或缩小图像；三是可见光仪器可由红外线或紫外线仪器替代。

（3）举例：用卫星图像替代实地考察。

27. 廉价替代品

（1）原理描述：廉价替代品原理是用廉价的物品代替一个昂贵的物品，在某些质量特性上做出妥协（如使用寿命等）。

（2）指导原则：用廉价物品代替昂贵物品，实现相同的功能。

（3）举例：酒店里提供的一次性洗漱用品。

28. 机械系统替代

（1）原理描述：机械系统替代原理是指利用物理场或者其他的形式、作用和状态来代替机械的相互作用、装置、机构及系统。

（2）指导原则：一是用光学系统、声学系统或影响人类感觉的系统替代机械系统；二是用电场、磁场或电磁场同物体相互作用；三是由恒定场转向可变场，由时间固定的场转向时间变化的场，由非结构化场转向结构化场；四是利用磁性物质作用。

（3）举例：声控灯。

29. 气压和液压结构

（1）原理描述：气压和液压结构原理是指运用气压或者液压技术来替代普通系统元件或功能。

（2）指导原则：使用气体或液体替代物体的固体部分，如充气结构、充液结构、气垫、液体动力结构和流体动力结构。

（3）举例：利用汽车尾气充气的充气式千斤顶。

30. 柔性壳体和薄膜

（1）原理描述：柔性壳体和薄膜原理是指将传统构造替换为柔性壳体或薄膜。

（2）指导原则：一是利用柔性壳体或薄膜代替传统的结构；二是用柔性壳体或薄膜把物体同外部环境隔离。

（3）举例：硅胶碗。

31. 多孔材料

（1）原理描述：多孔材料原理是指通过在材料或对象中打孔、开空腔或通道来增加其多孔性，从而改变某种气体、液体或固体的形态。

（2）指导原则：一是使物体成为多孔结构或加入多孔元素；二是如果

物体是多孔结构，事先用某种物质填充空孔。

（3）举例：过滤水龙头中的炭芯具有过滤微孔，能过滤细微杂质。

32. 改变颜色

（1）原理描述：改变颜色原理是指改变对象或系统的颜色，以便提升系统价值或解决检测问题。

（2）指导原则：一是改变物体或外部环境的颜色；二是改变物体或外部环境的透明度；三是利用染色添加剂观察难以看到的物体或过程；四是如果已经添加了颜色的物体，则考虑采用荧光粉、增强发光追踪或原子标记。

（3）举例：pH 试纸。

33. 同质性

（1）原理描述：同质性原理是指两个或多个物体相互作用，则这些物体应包括相同的材料、能量或信息。

（2）指导原则：相互作用的物体应当用同一（或性质相近的）材料制成。

（3）举例：用金刚石切割钻石。

34. 抛弃或再生

（1）原理描述：抛弃或再生原理中的抛弃是指从系统中去除某事物，而再生是指将某事物恢复到系统中以进行再利用。

（2）指导原则：一是已完成功能的系统或物体的元件能自行消失（挥发等）；二是在工作过程中，使系统或物体已消耗或退化的部分恢复原状（再生）。

（3）举例：火箭助推器在完成其作用后会与火箭分离并被抛掉。

35. 物理或化学参数改变

（1）原理描述：物理或化学参数改变原理是指改变一个对象或系统的属性，以提供一种有用的状态。这里包括的不仅是简单的过渡，例如从固态过渡到液态，还有向假液态或中间状态的过渡，例如采用弹性固体。

（2）指导原则：一是改变对象或系统的物理状态；二是改变浓度或密度；三是改变柔性；四是改变温度或体积。

（3）举例：浓缩果汁。

36. 相变

（1）原理描述：相变原理是指利用一种材料或者情况的相变，来实现某种效应或者产生某种系统改变。典型的相变包括：一是气体到液体，以及相反过程；二是液体到固体，以及相反过程；三是固体到液体，以及相反过程。

（2）指导原则：利用物质相变时产生的某种效应，如体积改变能放热或吸热。

（3）举例：热管散热器。

37. 热膨胀

（1）原理描述：热膨胀原理是利用对象受热膨胀的基本原理来产生“动力”，从而将热能转化成机械能或机械作用。

（2）指导原则：一是使用热膨胀或热收缩的材料；二是组合使用不同热膨胀系数的材料。

（3）举例：温度计利用热胀冷缩的原理来测量温度。

38. 强氧化剂

（1）原理描述：强氧化剂原理是指加速氧化过程（增加氧化作用的强度），以改善系统的作用或功能。利用一级向更高一级的氧化过程。

（2）指导原则：一是用富氧空气替代普通空气；二是用纯氧替代富氧空气；三是用电离辐射作用于空气或氧气；四是使用臭氧；五是使用氧离子。

（3）举例：高压氧治疗舱。

39. 惰性环境

（1）原理描述：惰性环境原理是指制造一种中性（惰性）环境，以便支持所需功能。

（2）指导原则：一是用惰性环境代替通常环境；二是添加惰性或者中性添加剂到物体中；三是在真空环境中完成某种操作。本指导原则与强氧化剂指导原则正好相反。

（3）举例：真空包装食品。

40. 复合材料

（1）原理描述：复合材料原理是指将两种或多种不同的材料（服务）紧密结合在一起形成复合材料。

（2）指导原则：用复合材料替代均质材料。

（3）举例：用玻璃纤维制成的冲浪板。

第四节 技术问题的理想解

一、理想化

TRIZ 理论认为，理想状态本身并不存在，但可以向理想状态靠近。在 TRIZ 理论中,理想化是一种强有力的工具,在创新过程中起着重要作用,其含义包括：在解决问题之初，先抛开各种客观限制条件；以取得最终理想结果作为终极追求目标；针对问题情境，设立各种理想模型。

理想化的最终目标是达到理想状态，这个状态在 TRIZ 理论中称为理想解，也叫理想系统。处于理想状态的技术系统不消耗任何能源，无任何有害功能，却能完成系统的主要功能。绝对理想状态的系统是不存在的，但各条演化趋势和路线的最终目标是指向理想状态的。物质达到理想化时的状态称为理想化状态或理想状态。产品的创新进化也就是不断地接近理想状态的过程，当产品越理想化时，它的成本也越少，它的结构也越简单，它的效率也越高。

理想化是创造性思维的基本方法之一，它主要是在大脑之中设立理想的模型，通过思想实验的方法来研究客体运动的规律。在 TRIZ 理论中，理想化模型的要素包括理想系统、理想资源等，详见图 1–5。

理想化模型要素	含义
理想产品	没有质量、没有体积，但能完成所需要的工作
理想系统	既无实体和物质，也不消耗能量，但能实现所有的功能，且不传递、不产生有害功能
理想作用	不产生相互作用，但实现所有功能
理想方法	不消耗能量和时间，但通过自身调节，能够获得所需要的效应
理想过程	只有过程应产生的结果，而无过程本身
理想物质	没有物质，但功能得以实现

图 1–5　理想化模型的要素

二、最终理想解

（一）最终理想解简介

为了避免试错法、头脑风暴法等传统创新方法中思维过于发散、创新效率低下的缺陷，TRIZ 理论通过理想化来定义问题的最终理想解（IFR），以明确理想解所在的方向和位置，保证在问题解决过程中沿着此目标前进并获得最终理想解。

IFR 是指系统在保持有用功能正常运作的同时，能够自行消除有害的、不足的、过度的作用。最理想的技术系统作为物理实体并不存在，但能够实现所有必要的功能。

在 TRIZ 理论中，通常采用如下公式来衡量产品的理想化程度：

理想度 = 所有有用功能 /（所有有害功能 + 成本）

TRIZ 理论认为，可以通过以下途径达到最终理想解：一是增加新的功能或者有用功能的数量；二是提升现有功能的等级；三是利用内部或外部已存在的资源，以降低成本；四是消除无效或低效的功能；五是预防有害的功能或将有害功能做无害化处理；六是将有害功能转移出去，减少有害功能的数量。

IFR 有四大特点，详见图 1–6。

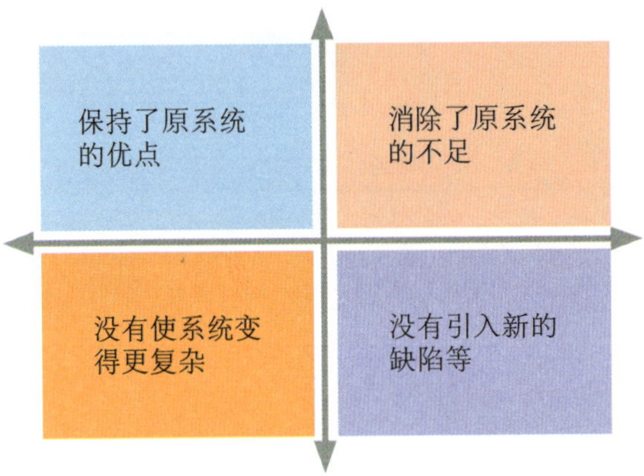

图 1–6　最终理想解（IFR）的四大特点

（二）最终理想解的确定

最终理想解的确定是解决问题的关键所在，很多问题的 IFR 被正确理解并描述出来时，问题就直接得到了解决。设计者的惯性思维常常让自己陷入问题当中不能自拔，解决问题大多采用折中的方法。结果就使问题时隐时现，让设计者叫苦不迭。IFR 可以帮助设计者跳出传统设计的怪圈，从 IFR 这一新角度来重新认识定义问题，得到与传统设计完全不同的问题解决思路（见图 1–7）。

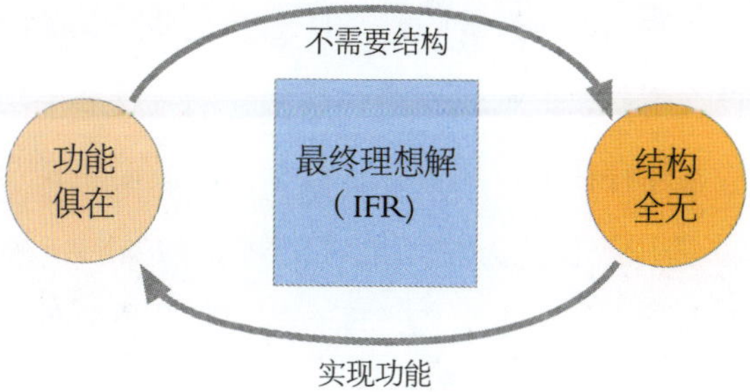

图 1–7　创新的终极目标

确定最终理想解有几个基本步骤，详见图 1–8。

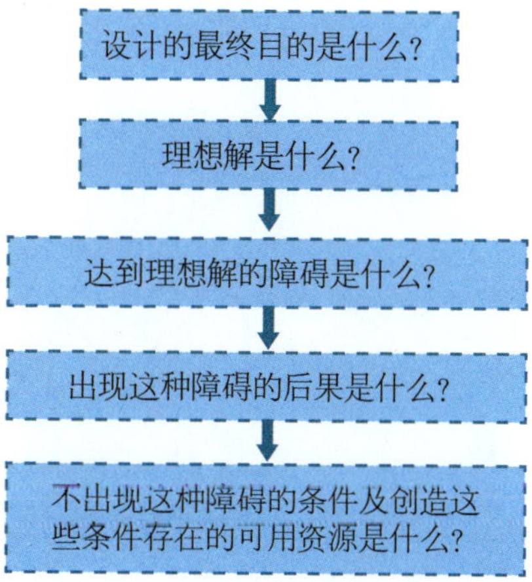

图 1–8　确定最终理想解的基本步骤

下面用割草机为例加以说明。割草机在进行割草作业时，由于噪声大、燃料消耗高、会产生空气污染、有时高速旋转的草飞出来会伤害到操作者，因此需要对现有割草机进行改进。改进现有割草机时，设计者一般可能会想到减少噪声、降低燃料消耗、提升安全性。现在，由于最终理想解的确定，我们就能克服传统的思维惯性，给出很有趣的结论。

割草机改进方案的提出过程如下：用户的需要（设计的最终目的）是什么？是漂亮且不需要维护的草坪。最理想的结果是什么？不用割草就能保持漂亮的草坪。达到理想解的障碍是什么？草要生长。出现这种障碍的后果是什么？必须割草，否则就不能保持漂亮的草坪。不出现这种障碍的条件及创造这些条件存在的可用资源是什么？草不要生长及生物技术的发展可能会有对草进行改良的方法。最终的解答为发明一种“聪明草种”，这种草长到一定高度后就停止生长，现有割草机不再被使用。目前，国际上已有公司在试验这种“聪明草种”。

第二章

专利基础

第一节 专利制度和专利的基本概念

一、专利制度的概念

专利制度是国际上通行的一种利用法律和经济的手段来保护、鼓励发明创造，促进技术进步的管理制度。其基本内容是依据专利法，对申请专利的发明创造，经过审查和批准，授予专利权，同时把申请专利的发明创造的技术内容公之于世，使发明创造者享有独占实施该发明创造的权利，以此来保护发明创造者的利益和促进发明创造的信息交流。

二、专利制度的特征

1. 法律保护。专利制度的核心是依法保护已授予专利权的发明创造。

2. 科学审查。对申请专利的发明创造，在现有科学技术的基础上，对其是否符合《中华人民共和国专利法》规定的条件进行审查，符合条件的，国务院专利主管部门将授予专利权。

3. 技术公开。专利制度一方面要以法律的形式保护发明创造，另一方面又要按照法律要求，将申请专利的发明创造的技术内容，以说明书、权利要求书等专利文献的形式向社会公开，给公众提供技术发明的信息和利用技术发明的途径。

4. 国际交流。实行专利制度的国家之间，可以依照共同参加的国际公约或双边协定，或者根据互惠原则，进行技术、贸易和经济等方面的交流。

三、专利制度的发展

专利制度的起源可以追溯到中世纪甚至更久远的年代，其雏形萌芽于中世纪的欧洲。15 世纪中期，在商品经济初步发展的意大利和英国，最早产生了专利制度的雏形。1474 年威尼斯制定了世界上第一部《专利法》，为现代专利法律制度奠定了基础，是现代专利制度的雏形。1624 年英国颁布了《垄断法》，人们称之为现代专利法之始。它的基本原则和某些具体规定被许多国家在制定专利法时仿效和借鉴。进入 18 世纪以后，欧美各国相继颁布了专利法。1883 年缔结的《保护工业产权巴黎公约》(以下简称《巴黎公约》)，是历史上第一个有关工业产权（专利、商标等）保护的国际公约。《巴黎公约》是专利制度国际化萌芽阶段的标志。

中华人民共和国成立之后，我们的党和政府非常重视对发明创造的保护。1950 年 8 月，公布了《保障发明权与专利权暂行条例》；同年 10 月，公布了该条例实施细则。该条例对于保障专利权，申请专利的条件、手续及审批程序，异议制度，专利权人的权利和义务，专利权的保护期限及违法者的法律责任等，做了较完整的规定，它与当今世界各国对专利权保护的基本原则是一致的。1963 年 11 月，国务院明令废止这一暂行条例。

1963 年 11 月，国务院发布了《发明奖励条例》和《技术改进奖励条例》，至此，我国以发明奖励制度代替了专利保护制度。党的十一届三中全会以来，为了有效地鼓励发明创造，积极引进和利用国外先进技术，促进经济的迅猛发展，我国开始着手建立专利制度，起草《中华人民共和国专利法》。1980 年 1 月，国务院批准成立中华人民共和国专利局。1984 年 3 月 12 日，第六届全国人民代表大会常务委员会第四次会议通过了《中华人民共和国专利法》(以下简称《专利法》)。1985年1月19日，国务院又批准了《中华人民共和国专利法实施细则》(以下简称《专利法实施细则》)。《专利法》于1985年4月1日起正式施行,这是我国建立专利制度的一个重要里程碑，标志着我国对于发明创造专利权的保护进入了一个新时期。与此同时，我国于1980年6月3日加入世界知识产权组织，1985年3月19日加入《巴黎公约》。从此，我国专利事业进入了一个新的历史时期。

1992年9月4日，第七届全国人民代表大会常务委员会第二十七次会议通过了《关于修改〈中华人民共和国专利法〉的决定》，该决定自1993年1月1日起施行,这是《专利法》的第一次修改。2000年8月25日,《专利法》第二次修改。2008年12月27日，第十一届全国人民代表大会常务委员会第六次会议通过了《关于修改〈中华人民共和国专利法〉的决定》，这是《专利法》的第三次修改。至此，我国专利法的保护标准基本上达到了国际水平。与此同时,我国于1994年1月1日起正式成为《专利合作条约》的成员国。

四、专利的基本概念

专利是“专利权”的简称,它是指一项发明创造(按照《专利法》规定，包括发明、实用新型和外观设计)经申请人向代表国家的专利主管部门提出专利申请，经审查合格后，由该主管机关向专利申请人授予的在规定的时间内对该项发明创造享有的专有权。专利权是一种财产权，权利人可以使用和处理其财产，他人未经许可而使用其财产是不合法的。专利权这种财产权的确立，需要由个人或单位提出专利申请，之后由代表国家的专利主管机关依照《专利法》,对符合专利权条件的发明创造依法授予这种权利。

第二节　专利权的主体和客体

一、专利权的主体

专利权的主体即专利权人，是指有权获得专利权，并承担与此相关义务的单位或个人。根据《专利法》相关规定，单位或个人有权依据《专利法》申请专利并获得专利权。

（一）发明人或者设计人

《专利法》所称发明人或者设计人，是指对发明创造的实质性特征做出创造性贡献的人。《专利法》保护的发明创造包括发明、实用新型、外观设计三种专利。一般来说，对发明专利的实质性特征做出创造性贡献的人被称为发明人，对实用新型专利和外观设计专利的实质性特征做出创造性贡献的人被称为设计人。

（二）职务发明创造与非职务发明创造

执行本单位的任务或者主要利用本单位的物质技术条件所完成的发明创造，为职务发明创造。除了执行本单位的任务和主要利用本单位的物质技术条件所完成的发明创造之外，均属于非职务发明创造。可以看出，发明人或设计人不等于专利权人。非职务发明创造的发明人或设计人可以成为专利权人，而职务发明创造的专利权人则是发明人或设计人所在的工作单位。

（三）合作发明与委托发明

合作发明，也称为共同发明，是指由两个以上的单位或个人合作完成的发明创造。委托发明，即以合同方式委托他人完成的发明创造，《中华人民共和国合同法》称此类合同为技术委托开发合同。

二、专利权的客体

（一）发明

《专利法》将发明定义为对产品、方法或者其改进所提出的新的技术方案。对发明授予的专利叫发明专利。

（二）实用新型

《专利法》所称实用新型是指对产品的形状、构造或者其结合所提出的适于实用的新的技术方案。

（三）外观设计

《专利法》所称外观设计，是指对产品的形状、图案或者其结合以及色彩与形状、图案的结合所做出的富有美感并适于工业应用的新设计。

三、专利法的立法目的

1. 保护专利权人的合法权益。
2. 鼓励发明创造。
3. 推动发明创造的应用。
4. 提高创新能力。
5. 促进科学技术进步和经济社会发展。

第三节 专利分类

一、按类型分

1. 发明。发明是指对产品、方法或者其改进所提出的新的技术方案。方法发明包括操作方法、制造方法、工艺流程等的技术方案。

2. 实用新型。实用新型是指对产品的形状、构造或者其结合所提出的适于实用的新的技术方案。

3. 外观设计。外观设计是指对产品的形状、图案或者其结合以及色彩与形状、图案的结合所做出的富有美感并适于工业应用的新设计。

二、按归属分

1. 职务发明。《专利法》将执行公司任务或主要利用公司物质条件所完成的发明创造，称为职务发明创造。《专利法》要求用人单位在一定条件下对做出该发明创造的个人予以奖励和支付报酬。

2. 非职务发明。职务发明以外的，均属于非职务发明。非职务发明的相关权利归属发明人本人所有。

第四节 专利属性

一、专利的法定属性

1. 新颖性。新颖性是指该发明或者实用新型不属于现有技术；也没有任何单位或者个人就同样的发明或者实用新型在申请日以前向国务院专利行政部门提出过申请，并记载在申请日以后公布的专利申请文件或者公告的专利文件中。

2. 创造性。创造性是指与现有技术相比，该发明具有突出的实质性特点和显著的进步，该实用新型具有实质性特点和进步。

3. 实用性。实用性是指该发明或者实用新型能够制造或者使用，并且能够产生积极效果。

二、专利的其他属性

1. 时效性。所谓的时效性，也就是我们通常所说的有效期。由时效性而产生的就是专利的期限。《专利法》规定，外观设计专利和实用新型专利的最长保护期为 10 年，发明专利的最长保护期为 20 年，从申请日开始算起。

2. 地域性。地域性是指任何一项专利权只有依一定地域内的法律才得以产生并在该地域内受到法律保护。这也是区别于有形财产的另一个重要法律特征。根据该特征，依一国法律取得的专利权只在该国领域内受到法律保护，而在其他国家则不受该国家的法律保护，除非两国之间有双边的专利（知识产权）保护协定，或共同参加了有关保护专利（知识产权）的国际公约。

3. 排他性。排他性也称独占性或专有性。专利权人对其拥有的专利权享有独占或排他的权利，未经其许可或者出现法律规定的特殊情况，任何人不得使用，否则即构成侵权。这是专利权（知识产权）最重要的法律特点之一。

第五节　专利和相关概念的关系

一、创新和专利的关系

创新是指以现有的思维模式提出有别于常规或常人思路的见解为导向，利用现有的知识和物质，在特定的环境中，本着理想化需要或为满足社会需求，而改进或创造新的事物、方法、元素、路径、环境，并能获得一定有益效果的行为。

创新是专利的来源之一，创新代表着一种新的思路和想法，创新也是专利授权审查中，对专利技术的要求之一；但是创新不能等同于专利，不是所有的创新都可能成为专利，例如，思维的创新，可能就是逻辑上的理论性思维，这是已经明确被《专利法》排除了的。

二、发明和专利的关系

很多人会把发明和专利这两个概念等同起来，实际上，发明这个词有多种释义。首先，发明可以是专利的其中一个类型，如在前面的章节中已指出专利的一个类型就叫作发明专利，就《专利法》而言，发明可以涵盖的范围较为广泛。其次，发明也可以是一个过程，一个进行创造性研究并且有所产出的过程。在这个过程中，可能会产生多个专利。因此，在发明的过程中，可以衍生和挖掘出许多专利申请，但是，最终这些技术是否会成为专利，还有待法律的确权。

三、技术和专利的关系

技术和专利也是有着紧密联系的一对好伙伴。通常我们说的专利技术，即获得专利保护的技术，除了外观是保护设计之外，发明和实用新型的专利内容均来自技术方案，但是技术方案并不能成为专利本身，技术方案可以是专利所保护的内容。而作为专利本身来说，除了外观设计专利以外，其他专利需要通过技术方案来体现其所要保护的内容。

四、产品和专利的关系

产品是技术方案的产物，专利保护的是技术方案，而不是产品本身，但是，非专利持有人的产品，则有可能会落入专利的保护范围，我们称之为侵权。那么在侵权比对的时候，我们来进行分析的不是两项专利或者两个产品，而是一项专利或一个产品。因此，我们通常需要把产品和专利区分开来。我们可以针对一个产品去挖掘和申请专利，但是不能将产品和专利等同视之。

五、作品和专利的关系

作品所涉及的是另一项知识产权——著作权，著作权的相关规定可以参考《中华人民共和国著作权法》。这里我们要重点说的是，单纯的作品本身和专利的关系，简单来说，有些作品可以申请专利，有些作品则不可以；有些专利可以保护作品，有些则不可以。那么，如何确定作品可以和专利结合，则需要看该作品中是否包含技术方案。

六、商标和专利的关系

1. 客体不同。专利保护技术内容，包括发明、实用新型和外观设计。商标保护商标本身，比如图形、文字以及它们的组合，或者立体商标。

2. 保护期限不同。专利保护期有限，但商标保护到期可以续展。

3. 保护方式不同。专利保护规定，不得制造、使用、许诺销售、销售、进口同该专利相同或近似的产品。商标保护规定，不得在同类商品上注册、使用相同或相近的商标。

4. 申请程序不同。专利要向国家知识产权局专利局申请，经过初步审查和实质审查，公告无异议后授予专利权。商标向国家工商总局商标局申请，经过初步审查，公告无异议后核准注册。

七、专利和最佳方案的关系

专利的产生来自不断的改进，每一步改进都有可能产生不同的专利，专利不是唯一的最佳方案，还应当包括在整个研发过程中不断改进的各种方案。有些方案，在当时的条件下，可能是不可行的或者看起来不够优选的，但是当形势或者应用场景发生变化的时候，就有可能会有所改变。

例如，有个专利权人A，设计了一种工具，主要用于夹持物品，工具上设有电机，可以通过电机驱动自动夹取，在研发之初，先是将电机放在了手柄的末端，但是研发过程中发现这样不利于开模，于是更改了方案，把电机槽放在了手柄中间，并且将电机槽设置在中部的结构作为最优化的方案申报了专利。之后，他的竞争对手B，发现电机可以可拆卸的方式安装在手柄末端，并不会影响开模，竞争对手就针对这个电机的位置和拆装方式申请了专利，此时，如果专利权人A想要改进为可拆卸的方式，就会受到竞争对手B的专利的制约。从这个例子可以看出，在一个设计思路下，可能包括很多技术方案，并不是每一个技术方案都会投入生产，但是从专利保护的角度来说，每一个技术方案都应当得到保护。

八、专利和技术成果的关系

一项技术成果可能会包含多个方面的研究和改进，以及多个技术方案，达到不同的技术效果，可能需要多方面的专利保护。

此外，专利是国家授予许可的权利，没有国家的授权，任何人都不会具备这项权利，因此，《专利法》所定义的专利，要注意专利需要得到法律的认可，授权才能叫作专利。如果没有申请专利，相当于自动放弃了获得专有许可的权利；当他人盗用其研究成果时，因研发者对成果不具有专利权，得不到法律保护，就无法追究盗用者的法律责任。

论文也是技术成果的一种，很多时候，论文会被作为评判一项研究课题是否取得关键性成果的鉴定标准，因此有些发明人取得研究成果后首先想到的是发表论文，获得成果鉴定，没有想到先申请专利保护。但是，论文一旦发表，就将这项技术置于公知领域，因为发表文章或成果鉴定不可避免地要公开技术内容，使专利申请失去新颖性而得不到保护。

例如，某高校的老师 C，在国外期刊上发表了论文，但是未先申请专利，过了一段时间之后，觉得这个研究成果很好，希望得到专利保护，于是去申请专利，当时他并不知晓论文已公开，但是在专利申请的审查阶段，审查员通过发明人的姓名检索到了这篇 SCI，于是专利申请被驳回。

第六节 专利的复审

一、专利复审的原则

1. 避免审级损失原则。在先审级未处理的事项通常不能在后审级超前处理，以避免对当事人的审级损失。

2. 程序经济原则。程序的进行应当避免重复并尽可能迅速，以节省时间和费用。

二、专利复审的程序

1. 专利复审启动。专利复审程序的启动有一定的时间限制，专利申请人在接到驳回专利申请通知后3个月内可以决定是否请求复审。

复审程序启动的主体是专利申请人，只有专利申请人才有资格提起复审请求，其他任何单位和个人都无权启动复审程序。

2. 专利复审流程。专利复审流程如下：形式审查→前置审查→合议审查→做出决定。

三、专利复审的效力

复审决定撤销原审查部门做出的决定的，原审查部门应当执行专利复审委员会的决定，不得以同样的理由和证据做出与该复审决定意见相反的决定。

对专利复审决定不服的，可以向法院起诉，专利复审委员会作为被告参加诉讼。

第七节 专利无效

一、专利无效的原则

1. 一事不再理原则。对于已经做出审查决定的无效宣告案件所涉及的专利权，如果再次提出无效宣告请求，仅当无效宣告请求的理由或者证据因时限等原因未被在先的无效宣告请求审查决定所考虑时才予以受理。对于以同样的理由和证据再次提出无效宣告请求的，专利复审委员会将不予受理。

2. 当事人处置原则。在无效宣告程序中，请求人可以放弃全部或者部分无效宣告理由及证据。对于请求人放弃的无效宣告理由或者证据，专利复审委员会通常不再查证。当事人有权在无效宣告程序中与对方自行和解。专利权人可以在无效宣告程序中针对请求人提出的无效宣告请求主动进行修改，缩小专利权保护范围或者放弃从属权利要求。

3. 保密原则。专利复审委员会合议组的成员在做出审查决定之前，不得私自将自己、其他合议组成员、负责审批的主任委员或者副主任委员对该案件的观点明示或者暗示给任何一方当事人。为了保证公正执法和保密，合议组成员原则上不得与任何一方当事人会晤。

二、专利无效的程序

1. 形式审查。专利复审委员会收到请求书后，首先进行形式审查，包括无效宣告请求针对的专利，是否已经授权专利；无效宣告请求书是否符合格式要求；无效宣告请求的理由是否属法定理由等。

2. 合议审查。在无效宣告程序中，合议组通常仅针对当事人提出的无效宣告请求的范围、理由和提交的证据进行审查。当事人可以选择和解。

3. 口头审理。当事人可以请求合议组口头审理（开庭审理），专利复审委员会也可以依职权组织口头审理。

4. 无效决定。对专利权无效宣告请求进行审查之后，专利复审委员会将做出宣告专利权全部无效、部分无效或者维持专利权有效的审查决定，并将其送交双方当事人。

专利复审委员会做出的宣告专利权无效的决定生效后，由国家知识产权局登记和公告。

当事人不服无效决定，可向法院提起诉讼。

三、专利无效的理由

1. 发明创造不符合授予专利权的实质性条件。

2. 发明创造不符合合法性条件。

3. 发明创造属于《专利法》规定的不授予专利权的领域。

4. 专利文件的撰写不符合法定要求。

5. 重复授权。

四、无效宣告的效力

1. 宣告无效的专利权视为自始即不存在。

2. 不溯及已生效的判决、裁定、决定。

五、无效宣告的意义

1. 专利权无效宣告的一般意义。在实践中，专利无效程序多被专利权的竞争对手用来反击专利侵权指控。发生专利侵权诉讼时，被告往往转向知识产权局，请求宣告专利权无效，对专利侵权指控釜底抽薪。

对于业内特定技术，业者认为专利权产生不正当垄断的，也会启动专利无效程序。

2. 专利权无效宣告的特殊意义。我国发明专利在授权前经过实质审查，无效宣告程序只是对其专利性的又一次检验；而实用新型、外观设计专利则不同，授权前未经实质审查，故无效宣告程序有着特殊的监督作用。

第三章

专利申请

| 第一节 | 专利申请的准备工作和一般要求

一、专利申请的准备工作

一项能够取得专利权的发明创造需要具备多方面的条件。首先要具备实质性条件，即具备专利性；其次要符合《专利法》规定的形式要求以及履行各种手续。不具备上述条件的申请，不但不可能获得专利，还会造成申请人及专利局双方时间、精力和财力的极大浪费。为了减少专利申请的盲目性，节省申请人及专利局双方的人力和物力，专利申请人在提出申请以前一定要做好以下准备工作。

1. 学习和熟悉《专利法》及其实施细则。详细了解什么是专利、谁有权申请并取得专利、申请何种专利、如何申请和取得专利。同时，也应了解专利权人的权利和义务，取得专利后如何维持和实施专利等。

2. 对准备申请专利的发明创造技术方案是否具备专利性进行较详细的调查。在做出是否提出专利申请决定以前，应当广泛掌握资料，充分了解现有技术或现有设计的状况，对明显没有新颖性或创造性的技术方案，就不必提出申请。由于现有技术或现有设计除记载在专利文献、非专利文献、专业期刊和专著等之中外，还体现为同行业的技术现状，所以对现有技术或现有设计做全面调查是一项十分细致和烦琐的工作。尽管这样，对现有技术或现有设计的调查仍是一个不可或缺的环节。申请人至少应当检索一下专利文献，因为专利文献包含了国内外最新的技术和设计情报，又有比较科学的分类方法，往往可以给申请人较大帮助。国家知识产权局下属的检索咨询中心设有申请专利前的有偿检索服务，如果申请人经济上许可，这自然是检索现有技术或现有设计最省力的方法。另外，申请人也可以通过网上检索，调查国内外现有技术或现有设计。

3. 需要从市场经济的角度对申请专利进行认真考虑。申请专利必须缴纳申请费、审查费（发明申请），如果被批准，还要缴纳专利年费，委托专利代理机构的还要向其支付代理费，这是一笔不小的投资。申请人应对自己的发明创造技术开发的可能性、范围及技术市场和商品市场的条件进行认真预测和调研，以便明确在取得专利权以后实施和转让专利的条件及可能获得的经济收益，明确不申请专利可能带来的市场和经济损失。这些都是申请人思考是否值得申请专利、申请何种类型的专利（发明、实用新型或外观设计）和在什么时候提出专利申请等问题时应当顾及的重要因素。

4. 了解专利申请文件的填写格式和撰写要求、专利申请的提交方式、费用标准和主要审批程序。《专利法》规定，申请一旦提交，就不能再做实质性修改，所以，专利申请文件特别是说明书写得不好，很可能会形成无法补救的缺陷，甚至导致很好的发明内容无法获得专利。权利要求书写得不好，常常会使专利权的保护范围过窄。不了解申请手续、审批程序，也往往会导致申请被视为撤回等法律后果。撰写专利申请文件有很多技巧，办理各种申请手续也是十分细致、严谨的工作，申请人如果欠缺相关经验，可以考虑委托专利代理机构办理申请手续。

5. 注意其他在申请前应注意的事项。例如，为了保证专利申请的技术方案具有新颖性，在提出专利申请以前，申请人应当对申请内容保密。如果在发明试验或鉴定的过程中有其他人参与，应当要求这些人员也予以保密，必要时可以签订保密协议。在国务院主管部委或全国性学术团体组织主办过的新技术、新产品鉴定会和技术会议上已发表的，为了不丧失新颖性，应当按照《专利法》第二十四条的规定，在鉴定会或技术会议后 6 个月之内提出专利申请。

凡是要申请专利的技术方案涉及一种或几种新的、公众无法得到的生物材料的，应当在提出申请以前，最迟在申请的同时将这些生物材料提交给国家知识产权局认可的保藏单位保藏。目前在国内已认可的保藏单位有：中国微生物菌种保藏管理委员会普通微生物中心，地址在北京中关村；中国典型培养物保藏中心，地址在湖北省武汉市武汉大学内；广东省微生物菌种保藏中心，地址在广东省广州市先烈中路。以上三个保藏单位是《国际承认用于专利程序的微生物保存布达佩斯条约》（以下简称《布达佩斯条约》）承认的国际保藏单位，所以申请人在这三个单位中任意一个保藏生物材料的手续也将得到其他《布达佩斯条约》缔约国的认可。

如果专利申请权是通过转让获得的，应当在申请以前办好转让手续，以便专利局需要时，可以及时提交。

二、专利申请的一般要求

（一）办理专利申请的形式

办理专利申请的手续有书面形式（纸件形式）和电子文件形式两种。

申请人以书面形式提出专利申请并被受理的，在审批程序中应当以纸件形式提交相关文件。除另有规定外，申请人以电子文件形式提交的相关文件视为未提交。以口头、电话、实物等非书面形式办理各种手续的，或者以传真、电子邮件等通信手段办理各种手续的，均视为未提出，不产生法律效力。

申请人以电子文件形式提出专利申请并被受理的，在审批程序中应当通过电子专利申请系统以电子文件形式提交相关文件，另有规定的除外。不符合规定的，该文件视为未提交。

例如：如果申请人在申请时提交的专利申请文件公开不充分，即使在申请时已经提交了发明的实物，也不能以此为理由来克服公开不充分的缺陷。其中实物形式的例外是涉及生物材料样品的申请。《专利法》规定：生物材料样品的性状不但要在专利申请说明书中进行描述，而且要在指定或认可的保藏单位保藏生物材料样品实体本身。

（二）专利申请文件的组成

申请发明专利的，专利申请文件包括发明专利请求书、说明书、说明书附图（必要时）、权利要求书、摘要及摘要附图（必要时），各一式一份。

申请实用新型专利的，专利申请文件应当包括实用新型专利请求书、说明书、说明书附图、权利要求书、摘要及其附图，各一式一份。

涉及氨基酸或者核苷酸序列的发明专利申请，说明书中应包括该序列表，并把该序列表单独编写页码；同时还应提交符合专利局规定的该序列表的光盘或软盘。

申请外观设计专利的，专利申请文件应当包括外观设计专利请求书、外观设计图片或者照片、外观设计简要说明，各一式一份。图片或者照片应当清楚地显示要求专利保护的产品的外观设计。申请人请求保护色彩的，应当提交彩色图片或者照片。外观设计的简要说明应当写明外观设计产品的名称、用途、设计要点，并指定一幅最能表明设计要点的图片或者照片。省略视图或者请求保护色彩的，应当在简要说明中写明。对于同一产品的多项相似设计提出一件外观设计专利申请的，应当在简要说明中指定其中一项作为基本设计。

发明或者实用新型专利申请文件各部分应按下列顺序排列：请求书、说明书摘要、摘要附图、权利要求书、说明书、说明书附图和其他文件。

外观设计专利申请文件各部分应按照请求书、图片或照片、简要说明顺序排列。专利申请文件各部分都应当用阿拉伯数字分别按顺序编号。

（三）专利申请文件的纸张要求

专利申请文件使用的纸张应当柔韧、结实、耐久、光滑、无光、白色。其质量应当与80克胶版纸相当或者更高。纸面不得有无用的文字、记号、框、线等。各种文件一律采用A4尺寸（297毫米 ×210毫米）的纸张。

专利申请文件的纸张应当单面、纵向使用。文字应当自左向右横向书写，不得分栏书写。纸张左边和上边应当各留25毫米空白，右边和下边应当各留15毫米空白。专利申请文件各部分的第一页必须使用国家知识产权局统一制定的表格。这些表格可以向专利局受理处、各地的专利代办处索取或直接从国家知识产权局网站上下载。

（四）专利申请文件的文字和书写要求

专利申请文件各部分一律使用中文，“中文”是指汉字。汉字应当以国家公布的简化字为准。外国人名、地名和科技术语如没有统一中文译名时，可按照一般惯例译成中文，并在译文后的括号内注明原文。申请人提供的附件或证明是外文的，应当附有中文译文。

专利申请文件包括请求书在内，都应当用宋体、仿宋体或楷体打字或印刷，字迹呈黑色，字高应当在3.5～4.5毫米，行距应当在2.5～3.5毫米。专利申请文件不允许涂改。如确有必要增删更改时，应当在提出申请以后，通过补正手续办理。对专利申请文件的文字补正和修改，不得超出原说明书和权利要求书记载的范围。

专利申请文件中有附图的，应当使用包括计算机在内的制图和黑色墨水绘制，线条应当均匀清晰、足够深，以能够满足扫描和复印的要求为准，且不得涂改。

（五）专利申请内容的单一性要求

一件专利申请内容应当限于一项发明、一项实用新型或者一项外观设计；不允许将两项不同的发明或者实用新型放在一件专利申请中，也不允许将一种产品的两项外观设计或者两种以上产品的外观设计放在一项外观设计专利产品中提出。这就是专利申请内容的单一性要求。

这样做首先有利于专利局对专利申请进行分类和审查；其次方便公众对专利文献进行检索和查阅；再次给专利权人的签订转让许可合同带来便利；最后，还可以防止申请人只支付一件专利申请的费用而获得多项专利权的保护。

然而，当两项以上的发明或者实用新型属于一个总的发明构思下几项技术有关联的不同实施方案时，硬要把这样的不同方案分开，反而会给审查、检索带来不便。所以，我国和国际上通常都允许将这样的几项发明或实用新型合案申请。

所谓属于一个总的发明构思的两项以上的发明或实用新型，是指它们在技术上相互关联，包含一个或多个相同或相应的特定技术特征。其中特定技术特征是指每一项发明或者实用新型作为整体，对现有技术做出贡献的技术特征。

同样，同一产品的两项以上的相似外观设计，或者属于同一类别并且成套出售或者使用的产品的两项以上外观设计,可以作为一件申请提出（以下简称“合案申请”)。同一产品的其他外观设计应当与简要说明中指定的基本外观设计相似，一件外观设计专利申请中的相似外观设计不得超过 10 项。成套产品是指由两件以上（含两件）属于同一大类、各自独立的产品组成，各产品的设计构思相同，其中每一件产品具有独立的使用价值，而各件产品组合在一起又能体现出其组合使用价值的产品。例如，由咖啡杯、咖啡壶、牛奶壶和糖罐组成的咖啡器具；或者包括大小碗、大小盘和汤勺多件物品的成套餐具，就可以在一件外观设计专利申请中提出。

判断专利申请的单一性，有时是比较复杂的，所以允许申请人在提出申请以后，当审查员提出或本人发现申请不具备单一性时，可以修改申请，使其符合单一性。而原申请中包含的其他发明、实用新型或者外观设计，允许申请人分出来重新申请，这种以原申请中分出来的发明、实用新型或者外观设计为内容的申请，一般称作分案申请。

专利申请的单一性要求虽然不是授予专利权的实质性条件，但是当审查员经审查认为申请不符合单一性，要求申请人修改时，如果申请人拒绝修改，照样可能导致申请被驳回。专利申请是否具备单一性，发明和实用新型申请是由权利要求书的内容决定的，外观设计申请是由图片或照片决定的。只要权利要求书或者图片、照片中仅包含一项发明、实用新型或者一种产品的一项外观设计，就认为申请具备单一性。

第二节 专利申请的条件

一、专利管辖的部门

根据《专利法》的规定，在我国，国家知识产权局专利局是唯一审查专利和授予专利权的机构，所有的专利审查和授权过程都由国家知识产权局专利局来执行和完成。

二、可以申请专利的情形

根据专利的概念和范畴，可以确定的是，只要我们的发明创造属于专利法的保护范畴，都能够申请专利。但是，我们所了解的可以申请专利，与实际上能够获得专利证书以及专利权的保护范围是三个不同的概念。因此，在取得一项发明创造之后，不妨咨询专业人士，请专业人士对这项发明创造能否获得审批授权以及授权后的实际权利保护范围做出评估。

三、不可以申请专利的情形

（一）违反法律法规和社会公德的禁止

《专利法》第五条明确规定了违反法律法规和社会公德的禁止，第五条规定的禁止属于绝对的禁止。

这里的法律是指由全国人民代表大会或者全国人民代表大会常务委员会依照立法程序制定和颁布的法律，不包括行政法规和规章。

这里的社会公德是指公众普遍认为是正当的，并被接受的伦理道德观念和行为准则。发明创造与社会公德相违背的，不能被授予专利权。

但是，由于社会公德是一种社会的公众认识，它可能会随着时代的变化、人们观念的改变而有所变化，因此社会公德是一种相对的概念，它的判断标准可能会随着时代的变化而变化。

（二）违反专利法规定的禁止

《专利法》第二十五条规定了不授予专利权的情形，具体包括：

1. 科学发现。科学发现和自然科学基础原理，因不能在工农业生产上直接应用，不被授予专利。许多国家都依专门法律给予奖励。

《专利法》认为，科学发现是指对自然界中客观存在的物质、现象、变化过程及其特性和规律的揭示。科学理论即自然科学基础，是对自然界认识的总结，是更为广义的发现。它们都属于人们认识的延伸。这些被认识的物质、现象、过程、特性和规律不同于改造客观世界的技术方案，不是专利法意义上的发明创造，因此不能被授予专利权。

2. 智力活动的规则和方法。《专利法》认为，智力活动是人的思维运动，它源于人的思维，经过推理、分析和判断，产生抽象的结果，或者必须经过人的思维运动作为媒介，间接地作用于自然，产生结果。智力活动的规则和方法是指导人们进行思维、表述、判断和记忆的规则和方法。由于其没有采用技术手段或者利用自然规律，也未解决技术问题或产生技术效果，因而不构成技术方案。因此，指导人们进行这类活动的规则和方法不能被授予专利权。

3. 疾病的诊断和治疗方法。疾病的诊断和治疗方法，是指以有生命的人体或者动物体为直接实施对象，进行识别、确定或者消除病因或病灶的过程。

出于人道主义的考虑和社会伦理的原因，医生在诊断和治疗过程中应当有选择各种方法和条件的自由。另外，这类方法直接以有生命的人体或者动物体为实施对象，无法在产业上利用，不属于专利法意义上的发明创造。因此疾病的诊断和治疗方法不能被授予专利权。

4. 动物和植物品种。动物和植物品种是有生命的物体。《专利法》所称的动物不包括人，《专利法》所称的动物是指不能自己合成，而只能靠摄取自然的碳水化合物及蛋白质来维系其生命的生物。《专利法》所称的植物，是指可以借助光合作用，以水、二氧化碳和无机盐等无机物合成碳水化合物、蛋白质来维系生存，并通常不发生移动的生物。动物和植物品种可以通过专利法以外的其他法律法规保护，例如，植物新品种可以通过《植物新品种保护条例》给予保护。

5. 原子核变换方法和用该方法获得的物质。原子核变换方法以及用该方法所获得的物质，关系到国家的经济、国防、科研和公共生活的重大利益，不宜为单位或私人垄断，因此不能被授予专利权。

某些物质发明，如以化学方法获得的物质、以原子核变换方法获得的物质和食品等，大多数国家不授予专利权，但少数工业发达国家则授予专利权。其制造方法一般也可以取得专利权。

6. 对平面印刷品的图案、色彩或者二者的结合做出的主要起标志作用的设计。

第三节 专利申请的程序

一、办理专利申请的形式

1. 书面形式。专利申请人以书面形式提出专利申请并被受理的，在审批程序中应当全部以书面形式提交相关文件。需要注意的是，以口头、电话、实物等非书面形式办理各种手续的，视为未提交。

2. 电子邮件。专利申请人以电子文件形式提出专利申请并被受理的，在审批程序中应当全部以电子文件形式提交相关文件。

二、专利申请的原则

（一）书面申请或电子申请原则

根据《专利法实施细则》规定，申请人如果申请专利，必须以书面形式申请或通过互联网以电子邮件形式申请，而不能通过其他形式提出申请。

（二）先申请原则

先申请原则就是两个或两个以上的申请人分别就同样的发明创造向国

家知识产权局专利局提出专利申请时，专利权授予最先申请的人，而不考虑是谁最先发明出来的。

（三）优先权原则

申请人在本国提出首次专利申请之后，在一定期限内就相同主题又在本国再次提出申请的，也可以享有首次申请的优先权。

（四）单一性原则

所谓单一性，就是一件专利申请文件中一般只包括一项发明创造的内容。

三、专利申请的流程

1. 发明专利的申请流程，见图 3-1。

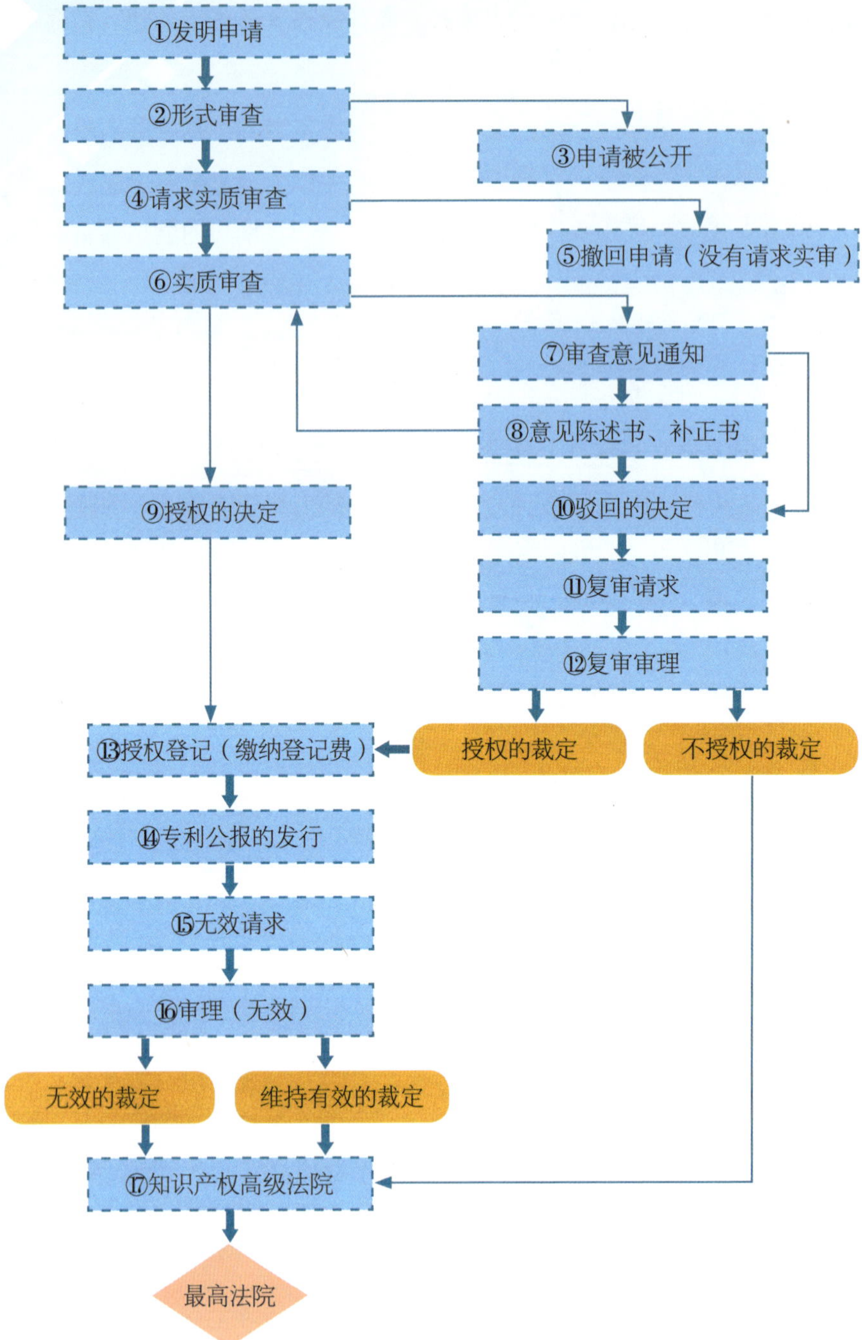

图 3–1　发明专利的申请流程

2. 实用新型专利的申请流程，见图 3-2。

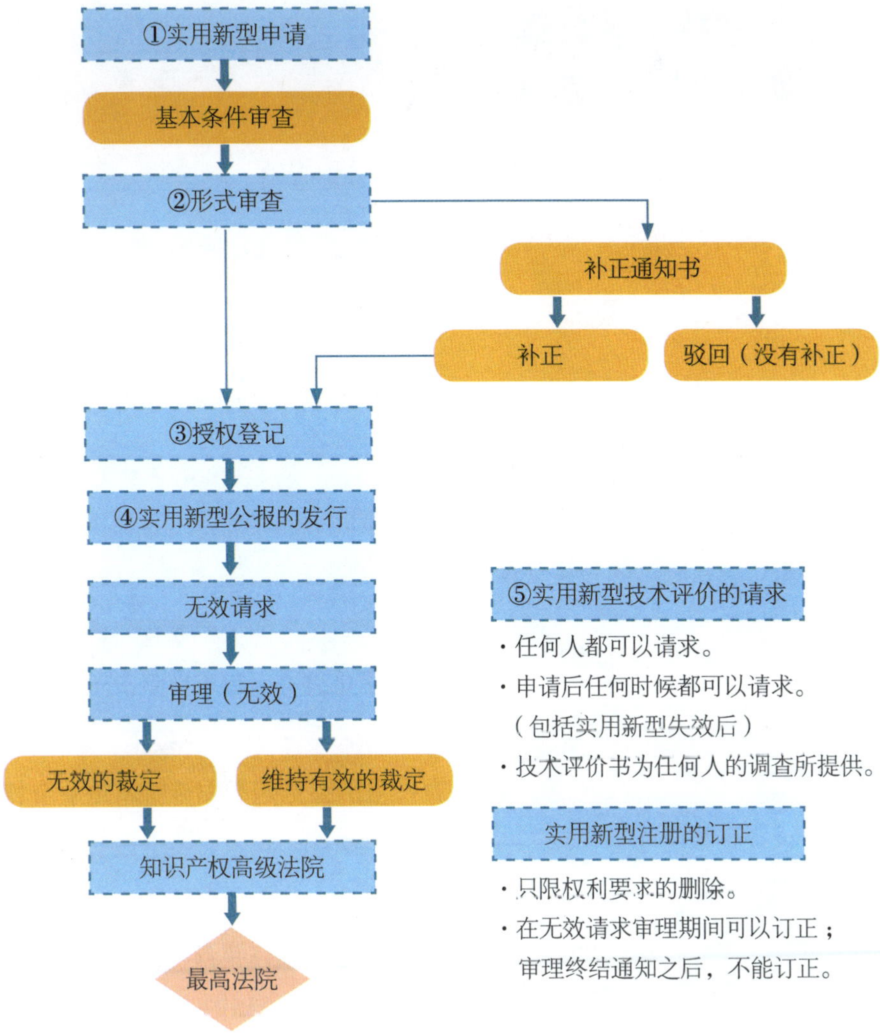

图 3-2　实用新型专利的申请流程

3. 外观设计专利的申请流程，见图 3–3。

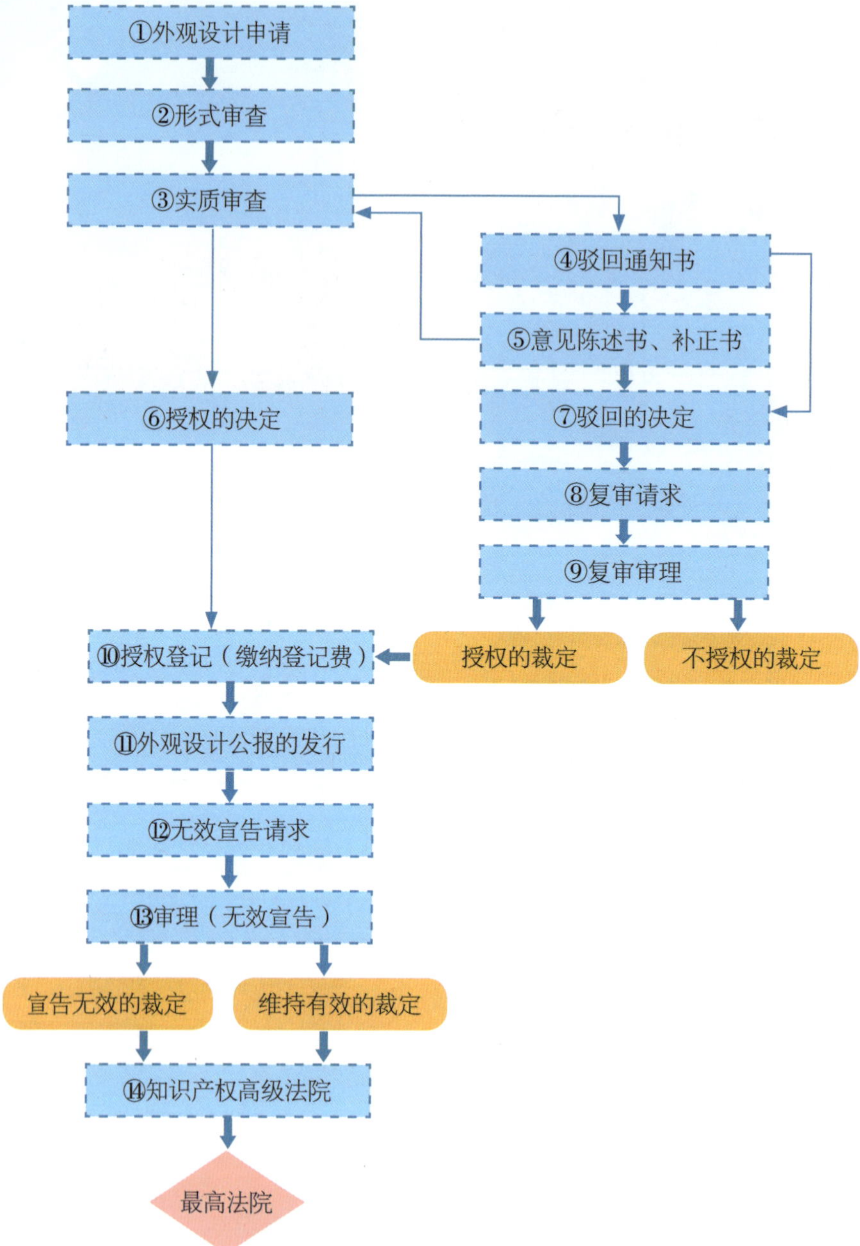

图 3–3　外观设计专利的申请流程

四、专利申请文件

（一）申请专利应提交的文件

1. 申请发明和实用新型专利应提交的文件。申请发明或者实用新型专利的，应当提交请求书、说明书及其摘要和权利要求书等文件；如果申请的发明专利是有形状的产品，则还必须提供说明书附图和摘要附图。

（1）请求书：请求书是申请人向国家知识产权局专利局表示请求授予专利权愿望的一种书面文件。

（2）说明书：说明书应当对发明或者实用新型做出清楚、完整的说明，以所属技术领域的技术人员能够实现为准。

（3）说明书附图：为了说明发明或者实用新型的技术内容，说明书可以辅以附图。

（4）说明书摘要：说明书摘要是说明书的概括和提要，其作用是使公众通过阅读简短的文字，就能够快捷地获知发明创造的基本内容，从而决定是否需要查阅全文。

（5）权利要求书：为了确保专利制度的正常运作，一方面需要为专利权人提供切实有效的法律保护，另一方面需要确保公众享有使用已知技术的自由。

2. 申请外观设计专利应提交的文件。申请外观设计专利的，应当提交请求书以及该外观设计的图片或者照片等文件，并且应当写明使用该外观设计的产品名称及其所属的类别。

（1）请求书：外观设计专利申请请求书中的内容与发明和实用新型请求书中的内容基本相同，申请人按照表格的要求填写即可。

（2）外观设计的图片或者照片：外观设计的图片或者照片是表明外观

设计专利申请保护范围的文件。

（二）专利申请日和申请号

1. 申请日。向国家知识产权局专利局直接递交申请文件的，以国家知识产权局专利局收到专利申请文件之日为申请日。如果申请文件是邮寄的，以寄出的邮戳日为申请日。

2. 申请号。专利申请号是国家知识产权局专利局受理一件专利申请时给予该专利申请的一个标识号码。

（三）发明专利申请文件

1. 请求书。请求书记载的主要是发明申请的主题名称以及相关的著录项目信息，包括名称、发明人或申请人、联系人、申请文件清单等内容。

2. 说明书。一般来说，一项发明专利的说明书至少要包含主题名称、技术领域、背景技术、发明内容和具体实施方式。当发明专利有附图的时候，说明书中还应当有对应的附图说明。

3. 权利要求书。一般来说，一项发明专利的权利要求书至少要包含一项独立权利要求，也可以包括多项独立权利要求和/或一项或多项从属权利要求，当包含多项独立权利要求时，这些多项独立权利要求必须具备单一性。

4. 说明书附图。发明专利可以有说明书附图，也可以没有说明书附图，但是在有说明书附图的时候，一定要对所有的说明书附图按顺序编号并单独列一个文件。按照我国现行的专利文件审查标准，说明书附图必须是黑白图，并且要求线条和字迹清楚。

5. 说明书摘要和摘要附图。摘要的主要作用是公布和索引，对于一份专利文件来说，摘要不具备法律效力，但由于专利文件需要公布，因此摘要也是必不可少的内容。当一份发明专利中有说明书附图时，也必须有摘要附图，摘要附图必须来自说明书附图中的一幅，并且是和发明内容有关联的。

（四）实用新型专利申请文件

申请实用新型专利的，申请文件应当包括实用新型专利请求书、摘要、摘要附图（适用时）、说明书、权利要求书、说明书附图，各一式两份。

实用新型专利的申请文件与发明专利的申请文件类似，需要说明的是，实用新型专利的申请文件中一定要有说明书附图和摘要附图，否则将不被受理。

（五）外观设计专利申请文件

申请外观设计专利的，申请文件应当包括外观设计专利请求书、图片或者照片（要求保护色彩的，应当提交彩色图片或者照片）以及对该外观设计的简要说明，各一式两份。提交图片的，两份均应为图片；提交照片的，两份均应为照片。不得将图片或照片混用。

外观设计专利的请求书和发明专利以及实用新型专利的请求书类似，但是外观设计没有说明书等文字部分的内容，外观设计最主要的申请文件是附图。

通常来说，外观设计专利的图片必须包含六面视图。

此外，外观设计的申请文件还应包括简要说明。

一般来说，外观设计的简要说明至少要包括四项基本内容，分别是：外观设计产品的名称、外观设计产品的用途、外观设计产品的设计要点和最能表明外观设计的设计要点的图片或者照片。除此之外，简要说明可能还需要包含针对一些特殊情况的说明，例如省略视图、对称视图、透明表面、成套产品、相似设计。

五、申请的注意事项

1. 保密事项。为了防止后续的问题以及确保专利的稳定性，在专利被公开前，申请人、发明人以及其他能够接触到专利技术的人员，都应当对专利的技术内容进行保密。

2. 保护范围。在撰写专利文件时，要注意把握好专利的保护范围，合理布局权利要求书写的层次，只有在专利授权和保护范围之间寻找到一个最为合适的平衡点，才能最有效地发挥专利的作用。

3. 文件格式。申请材料不仅在格式、内容上有严格的审查要求，而且在具体字数、标点符号的运用中都有明确的规定。申请文件撰写的好坏直接影响到技术是否能成功获得授权，以及能否确保技术得到保护，同时关系到授权的时间。一份好的申请文件能够大大节约专利审批时间。

六、专利的审查意见通知书

在我国，审查意见的答复通常会出现在专利的审批阶段，例如，发明专利的实质审查阶段、实用新型专利的初步审查阶段或者外观设计专利的初步审查阶段。

在审查意见中，审查员会对提出申请的发明专利进行检索，给出对这项发明专利是否符合《专利法》第二十二条规定的初步意见，并以书面形式将这个初步意见反馈给申请人或者代理人。

审查意见通知书包括两种：第一种是在进行实质审查之前的初步审查阶段中针对明显实质性缺陷提出审查意见的审查意见通知书；第二种是在进入实质审查阶段后针对权利要求书和/或说明书指出实质性缺陷的审查意见通知书。

1. 初步审查阶段的审查意见通知书。这种审查意见通知书，是在初步审查中对于申请文件存在不可能通过补正方式克服的明显实质性缺陷的专利申请，由审查员发出的审查意见通知书。

这里的明显实质性缺陷是指在权利要求书、说明书及其附图和摘要等文件中明显存在的缺陷，且其严重程度通常达到影响申请文件公布的程度。例如，申请文件中包括一些明显违反国家法律、社会公德或者妨害公共利益的内容以及明显不属于《专利法》保护范围的内容。

对于初步审查阶段由审查员发出的审查意见通知书，其答复或修改的难度通常高于所说的补正通知书所针对的形式或手续方面的问题。

在答复这类审查意见通知书时，申请人应消除审查员在审查意见通知书中指出的针对明显实质性缺陷的形式缺陷，并将修改后的内容以申请文件替换页的方式连同从专利局网站上下载并填写完毕的意见陈述书表格一并提交给专利局。

实践中，第一种审查意见通知书通常涉及《专利法》第二条第二款、第五条、第二十五条、第三十一条第二款、第三十二条提到的缺陷。答复时，申请人应当针对通知书中提出的问题和阐述问题的逻辑推理过程，严格依照申请文件记载的内容陈述意见并进行适当的修改。做出的修改不能超出原申请文件记载的范围。一般而言，除非是申请文件的全部内容确实涉及《专利法》第二条第二款、第五条、第二十五条规定的不被允许的情形，否则通常是能够被克服和被专利局接受的，例如通过删除相关部分的段落和内容的方式。

2. 实质审查阶段的审查意见通知书。这种审查意见通知书，是在发明或实用新型的实质审查阶段，由审查员发出的，主要指出权利要求书和/或说明书的实质性缺陷的审查意见通知书。这里的实质性缺陷是涉及《专利法实施细则》第五十三条所规定的情形的缺陷，具体地说，包括两类缺陷：第一类缺陷，即影响专利申请被授予专利权的实质性缺陷；第二类缺陷，即影响专利申请授权文本质量的形式缺陷。

第一类缺陷的答复难度高于第二类缺陷，因此相应地应当对第一类缺陷给予更高程度的重视。但总体而言，两者有如下共同需要注意的一般原则：①应当以尊重的态度和平和的语言撰写答复意见；②应当站在本领域技术人员的角度进行论述；③应当采用逻辑性强的行文结构；④应当针对审查意见通知书中提出的意见逐条作答；⑤对于审查意见表示同意的审查意见通常忽略回应，反之则应认真作答；⑥注意以申请文件记载的内容为基础和范围进行修改；⑦以做出修改文本为准。

申请人在对审查意见通知书作答时，应尽可能地使意见陈述书中表达出的修改内容体现于同时提交的申请文件替换文本中。

上面七个原则对答复两类缺陷时容易出现的问题做了总结和概括。此外，在针对上述两类缺陷作答时，还应充分注意到其各自的特点，加以区分。下面分别介绍答复这两类缺陷时应当注意的原则，并重点介绍对于第一类缺陷的答复原则。

对于实质性缺陷，应当注意以下原则：①对于实质性缺陷有关的审查意见应进行独立、客观的思考和判断；②注意禁止反悔原则；③除说明书本身存在实质性缺陷外，应当针对权利要求书重点作答；④申请人应当加强对专利法规的学习和理解，在答复时尽可能地做到有理有据。

对于非实质性缺陷，在此着重提出如下建议：①尽可能地按照通知书的思路进行修改；②注意修改内容与审查意见通知书指出的形式缺陷之间的对应关系。

七、专利权的无效宣告程序

专利权的无效宣告程序，是指自国务院专利行政部门公告授予专利权之日起，任何单位或者个人认为该专利权的授予不符合《专利法》有关规定的，可以请求专利复审委员会宣告该专利权无效的程序。

1. 无效宣告程序的启动。无效宣告请求人向专利复审委员会提出无效宣告请求，从而启动无效宣告程序。

2. 无效宣告请求人。任何单位或者个人都可以请求宣告该专利权无效，但是无效宣告请求人属于下列情形之一的，其无效宣告请求不予受理：①请求人不具备民事诉讼主体资格的。②以授予专利权的外观设计与他人在申请日以前已经取得的合法权利相冲突为理由请求宣告外观设计专利权无效，但请求人不能证明是在先权利人或者利害关系人的。其中，利害关系人是指有权根据相关法律规定就侵犯在先权利的纠纷向人民法院起诉或者请求相关行政管理部门处理的人。③专利权人针对其专利权提出无效宣告请求且请求宣告专利权全部无效、所提交的证据不是公开出版物，或者请求人不是共有专利权的所有专利权人的。④多个请求人共同提出一件无效宣告请求的，但属于所有专利权人针对其共有的专利权提出的除外。

3. 无效宣告请求客体。无效宣告请求的客体应当是已经公告授权的专利，包括已经终止或者放弃（自申请日起放弃的除外）的专利。

4. 请求宣告无效手续。请求宣告专利权无效或者部分无效的，应当向专利复审委员会提交“专利权无效宣告请求书”和必要的证据，并缴纳相关费用。

无效宣告请求书应当具体说明无效宣告请求的理由，并指明每项理由所依据的证据。

无效宣告请求书应当明确无效宣告请求的范围，明确哪些权利要求或外观设计是无效的。不符合有关规定的专利复审委员会发出补正通知书，要求请求人在收到通知书之日起 15 日内补正，期满未补正的，无效宣告请求视为未提出。

请求人自提出无效宣告请求之日起 1 个月内未缴纳或者未缴足无效宣告请求费的，其无效宣告请求视为未提出。

5. 专利无效宣告请求的流程。专利无效宣告请求的流程包括：①专利复审委员会应当将专利权无效宣告请求书和有关文件的副本送交专利权人，要求其在指定的期限内陈述意见。②专利权人和无效宣告请求人应当在指定期限内答复专利复审委员会发出的转送文件通知书或者无效宣告请求审查通知书；期满未答复的，不影响专利复审委员会审理。

需要指定答复期限的，指定答复期限为 1 个月。当事人期满未答复的，视为当事人已得知转送文件中所涉及的事实、理由和证据，并且未提出反对意见。

6. 请求宣告无效的主要理由。请求宣告无效的主要理由有：不属于《专利法》所称的发明、实用新型和外观设计；向外国申请专利保密审查不合规定；不具备新颖性、创造性或实用性；不具备授予专利权的外观设计应有的条件的规定；说明书公开不充分，所属技术领域的技术人员不能实现；权利要求书没有得到说明书的支持；外观设计的图片不清楚；对发明和实用新型专利申请文件的修改超出原说明书和权利要求书记载的范围，对外观设计专利申请文件的修改超出原图片或者照片表示的范围；独立权利要求未从整体上反映技术方案；分案申请超出原申请的范围；违反法律及社会公共利益的发明创造；违反不授予专利权的智力活动成果的规定；违反同样的发明授予两项专利权的规定。

7. 无效宣告程序中专利文件的修改原则。发明或者实用新型专利文件的修改仅限于权利要求书，其原则是：①不得改变原权利要求的主题名称；②与授权的权利要求相比，不得扩大原专利的保护范围；③不得超出原说明书和权利要求书记载的范围；④一般不得增加未包含在授权的权利要求书中的技术特征；⑤外观设计专利的专利权人不得修改其专利文件。

8. 无效宣告请求审查决定的类型。无效宣告请求审查决定分为下列类型：①宣告专利权全部无效；②宣告专利权部分无效；③维持专利权有效。

专利复审委员会做出宣告专利权无效（包括全部无效和部分无效）的

审查决定后，书面通知双方当事人，当事人未在收到该审查决定之日起 3 个月内向人民法院起诉或者人民法院生效判决维持该审查决定的，由专利局予以登记和公告。

9. 专利权无效宣告的法律效力。宣告无效的专利权视为自始即不存在。宣告专利权无效的决定，对在宣告专利权无效前人民法院做出并已执行的专利侵权的判决、调解书，已经履行或者强制执行的专利侵权纠纷处理决定，以及已经履行的专利实施许可合同和专利权转让合同，不具有追溯力。但是因专利权人的恶意给他人造成的损失，应当给予赔偿。明显违反公平原则的，应当全部或者部分返还。

第四章

专利检索和专利信息分析

| 第一节 | 专利检索概述

一、专利检索的定义

专利检索是指根据检索者设定的检索条件或检索指令，从已有的专利数据库中查找符合检索条件或检索指令的专利文献或信息的过程。

专利检索的效果评价有两个指标：查全率和查准率。查全率衡量检索者检出相关信息的能力，是被检出的符合检索条件或指令的专利数据量与专利检索数据库中所存储的符合检索条件或指令的专利信息总量的比例。查准率衡量检索者拒绝非相关信息的能力，是被检出的符合检索条件或指令的专利数据量与被检索出的所有专利数据量的比例。

二、专利检索的类型

（一）可专利性检索

可专利性检索也称新颖性检索，是指专利审查员、专利申请人或专利代理人为确定申请专利的发明创造是否具有新颖性，从发明创造的主题对包括专利文献在内的全世界范围内的各种公开出版物上刊登的有关现有技术进行的检索。它是从发明创造的主题入手对专利和非专利文献进行检索，从而找出一两件可进行新颖性对比的文献，目的是找出可进行新颖性对比的文献，为判断新颖性提供依据。

从理论上说，可专利性检索的检索范围包括专利申请日之前的所有专利文献和非专利文献。根据PCT最低文献量规定，检索者应检索1920年以来七国两组织（美国、日本、英国、德国、法国、瑞士、中国、欧洲专利局和世界知识产权组织）的专利文献，以及近5年的169种科技期刊。

（二）侵权检索

侵权检索是一种与专利技术的应用有关的检索种类，在一般情况下是指为找出可能受到某项工业活动侵害的专利而进行的检索。侵权检索包括防止侵权检索和被动侵权检索两种。

1. 防止侵权检索。在一项新的工业生产活动（如准备生产一种新产品，或准备在某一生产过程中采用一种新方法或新工艺）开始之前，为防止该项新的工业生产活动侵犯别人的专利权以免发生专利纠纷，而主动进行的专利检索。防止侵权检索是指为避免发生专利纠纷而主动对某一新技术、新产品进行的专利检索，目的是找出可能受到其侵害的专利，防止侵权。

因为只有有效专利才会被侵权，因此防止侵权检索的对象为处于有效期的专利。防止侵权检索的时间范围依各国专利保护期限而定，而检索的国家范围则依生产、销售产品的国家而定。

2. 被动侵权检索。当侵权人不知道其生产的某项新产品或采用的某项新工艺、新方法是他人的有效专利而被指控侵权时，为了保护自己的利益反诉专利无效时要进行被动侵权检索，目的是找出对受到侵害的专利提出无效诉讼的依据。

（三）专利法律状态检索

专利法律状态检索是指对某一项专利或专利申请当前所处的状态进行检索，查找专利何时申请、何时公开、何时授权，授权专利是否仍然有效，以及驳回、放弃、撤销、期满、专利权人变更等专利法律状态所包含的各项事务处理的结果。目的是了解专利申请是否授权、授权专利是否有效、专利权人是否变更等。

专利法律状态主要有专利权有效、专利权有效期届满、专利申请尚未授权、专利申请撤回、专利申请被驳回、专利权终止、专利权无效、专利权转移、专利权的视为放弃等。

（四）专利同族检索

专利同族检索是从一个号码入手对一项专利或专利申请在哪些国家申请了专利，并被公布、授权等有关情况进行的检索。目的是找出该专利或专利申请在其他国家公布的文献（专利）号。

三、专利检索的途径及目的

（一）专利检索途径

各种专利检索系统通常根据专利信息的著录特征提供了多种检索方式，用户可根据自己的已知信息选择检索方式和检索字段进行检索。常用的检索途径如图 4-1 所示。

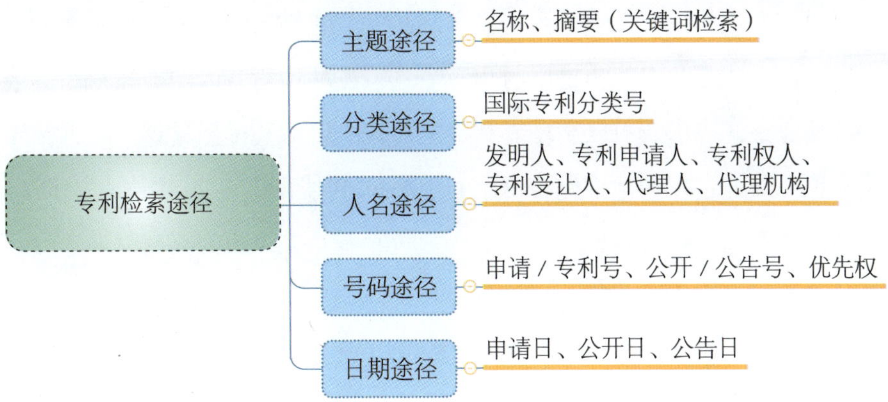

图 4–1　专利检索途径

1. 主题途径。主题检索是最常用的检索途径。根据课题需要提取主题词，可在名称、摘要字段进行组合检索。

2. 分类途径。由于世界各国都采用统一的国际专利分类法，相同技术主题的文献具有相同的分类号，因此，通过分类检索专利文献可以比其他途径达到更高的查全率，较适合专利查新检索。

3. 人名途径。主要通过发明人、专利权人名称查找特定专利。可以定期将某一领域的专家作为发明人进行检索，跟踪其技术开发的动态，并根据检索结果，从中寻找本公司或企业需求的专家、潜在雇员或可能的技术转让者；还可以将同一领域的公司、企业或科研机构作为专利权人进行定期跟踪检索，随时掌握对方的技术开发动态。

4. 号码途径。主要是对专利申请 / 专利号、公开 / 公告号、优先权检索。

5. 日期途径。通过具体的申请日、公开日、公告日进行检索，可做技术发展时间的推算。

（二）专利检索目的

1. 法律目的。专利文献检索的法律目的主要有：①专利审查机关在收到发明人的专利申请后，专利审查员要检索专利文献，调查现有技术，以判断申请专利的发明创造是否符合专利法的“三性”要求；②发明人及其代理人在正式提出专利申请以前也应当进行专利检索，以便提高专利申请的成功率；③当事人可以利用专利检索对他人的专利提出异议，同时被异议人也可以通过专利检索保护自己的权利；④为了解决专利纠纷，有时也需要通过专利检索查找相关的文献，判断专利相关人员的权利范围、内容以及义务。

2. 经济目的。专利检索的经济目的主要有：①通过专利检索了解竞争对手的技术发展、现状和动向，做到知己知彼；②在国际经济、技术贸易过程中，应当注意进行专利检索，保证经营活动的合法性，维护自身的权利。例如，在进行出口贸易时，应该进行专利检索，防止自己的产品在进口国侵犯他人专利权，造成不必要的损失。

3. 技术目的。科研工作者在工作中也应当重视专利检索，了解国内外相关领域的技术水平和发展趋势，获得最新的技术信息，促进自身科研工作的进行。过去，我们在科研工作中不重视专利检索，很多课题研究在花费了大量人力、物力和时间后，才发现早已经有他人在进行这项工作并有了成果。而如果在开始时进行课题检索，往往可以避免这种重复劳动，将我们的科研工作定位到较高的起点。

四、专利检索的作用

1. 研发前检索。在研发之前，可以通过专利检索或者科技创新情报平台来确定技术构思是否已经被他人申请专利或已经取得专利权。

2. 防止侵权检索。通过专利检索可以排除所制造或销售的产品落入他人专利权的保护范围的可能性。

3. 无效程序中的证据收集检索。通过专利检索可以得到在专利申请前公开的技术，作为无效程序中质疑对方专利权新颖性、创造性的证据。

4. 专利信息分析。通过检索某一技术主题的所有专利，进行分析，提取出有关重要的市场信息、技术信息、研发信息、技术发展方向信息，对专利布局和研发的方向创新性有重要的指导意义。

五、专利检索的步骤

（一）分析检索项目

根据检索者或检索委托人的检索项目的具体情况展开分析，明确检索目的、检索类型、检索时间段以及检索的国家或地区范围。

（二）选择检索数据库

根据检索要求和条件，在已知不同专利检索数据库特点的情况下，在公共的、免费的以及商业的数据库中选择可能会达到检索要求的合适的专利数据库。

（三）选择合适的检索字段

根据检索要求，选择合适的检索字段，如检索公司拥有专利的情况，要选择专利申请人或专利权人字段；检索技术的研发人员信息，则要选择专利发明人字段；了解某个领域的专利申请情况，可以利用主题词或专利分类号信息，选择专利名称、摘要、说明书、权利要求书、全文或专利分类号字段。

（四）组织专利检索式进行检索

将合适的检索字段，利用布尔逻辑运算符等组成一定的逻辑关系，按照所选择专利数据库的检索规则，组成检索提问式进行检索。布尔逻辑运算符包括逻辑与、逻辑或、逻辑非。逻辑与（AND）缩小检索范围，增强检索的专指性，提高信息检索的查准率。逻辑或（OR）相当于增加检索主题的同义词与近义词，可以扩大检索范围，提高检索信息的查全率。逻辑非（NOT）可以排除不需要的概念，能够提高信息检索的查准率。

（五）参照检索结果，获取专利文献或信息

在专利数据库中，参考检索结果，并根据需要下载所需要的专利文献或专利数据。如果结果不理想或者不精确，则需要重复上述步骤（三）和步骤（四），直到获取满意的专利文献或专利信息为止。

六、专利检索的方法

（一）字段检索

字段检索通常也可以称为关键字检索，通常来说，各个专利检索平台均能够提供一定字段数量的字段检索端口，输入关键字就可以进行精确查询或者模糊查询。

（二）国际专利分类（IPC）检索

IPC 检索是一种比较专业的检索方式，只要专利审查时的分类准确，IPC 检索就可以进行非常精准的查询。IPC 检索即利用 IPC 类表中各部、大类、小类，逐级查询到感兴趣的类目，点击此类目名称，可得到该类目下的专利检索结果。

（三）快速检索

快速检索是一种英文检索方式，主要有以下特点和要求：①输入的检索词必须是英文，不区分大小写，且最多不能超过 4 个词；②输入的检索词可以使用逻辑组配、截断符等，检索词间默认为 AND 关系；③若要精确检索某一概念或某个企业名称时，需对关键词加双引号；④检索时特别留意缩写词，为了查全，检索时尽可能同时用缩写和全称；⑤申请者即专利持有者，可以是个人，也可以是组织（如公司或大学），申请者不一定就是发明人，专利申请者和发明者可以是一个人或多个人；⑥姓在前，名在后；⑦在选择用人名或公司名称检索时，要避免在公司名称里使用 Inc. 或 Corp. 这样的词。

（四）高级检索

高级检索是相对于普通字段检索而言的一种较为复杂的检索方式，具体来说，包括以下特点和要求：①每一个字段最多可输入 4 个词，词之间还可以逻辑组配，字段之间是一种 AND 的关系；②有些国家的专利原始文献不是用英语写的，用发明名称检索时一定要先翻译成英文；③公开日期是专利第一次公布的日期，用 ×××× 年 ×× 月 ×× 日（日 / 月 / 年）表示，不能用其他表示；④限定的条件越多，得到的结果越精确，反之结果就越多，有些字段如申请号，只有唯一一个结果。

（五）号码检索

号码检索是以专利号 / 申请号或者其他号码进行对应的专利检索的方式，通常来说，号码检索只能精确检索到一项专利 / 专利申请 / 专利族。

（六）专利检索的渠道

1. 中国国家知识产权局网站。

2. 中国专利信息网。

3. 中国知识产权网。

4. 各大专利检索网站和引擎。

七、人工智能领域的专利信息检索

实践中，人工智能领域的专利信息检索，一直存在着查全率低下的问题，即便基于同样的检索目的进行检索，不同的检索人员所获得的数据也会有明显的差异。掌握好人工智能领域里专利检索的技能，对于企业的专利申请、预防侵权、侵权抗辩及战略分析能起到事半功倍的效果。

首先，检索者必须对人工智能的定义做出清晰的范围界定。也就是说，要确定哪些方面属于人工智能领域，哪些不属于人工智能领域，否则，可能会造成检索结果不全面或者噪声过多，导致分析所得的结论谬之千里。

其次，检索者应学习、调研掌握人工智能广泛的技术领域，在检索时要考虑不同技术领域的应用和实现。人工智能目前涉及的领域非常广泛，从机器视觉到智能控制，从专家系统到语言和图像理解，可谓无孔不入，无所不包；而且，随着技术的快速发展，呈现出向更广泛的领域迁移的趋势。如果检索人员对不同技术领域的相关差异没有清晰的认识，则很容易造成漏检，导致检索不全面。

最后，与传统的技术领域相比，人工智能领域的专利文献在术语的表达上非常多样化。在进行关键词的表达时，除了从形式、角度和意义上对关键词进行全面完整的表达外，还需要熟悉人工智能领域本身的算法、应用等，从而进行准确的定位专利，提高查全率。

第二节 专利信息分析

专利信息分析是指针对专利情报中的著录项、技术信息和权利信息进行组合统计分析，整理出直观易懂的结果，并以图表的形式展现的方法。通过专利分析可以对行业领域内的各种发展趋势、竞争态势有一个综合的了解，为战略决策的制定提供依据。

一、专利信息分析的层次

1. 专利信息的检索。一般用于查新、侵权和了解一般技术方案等。

2. 专利信息的课题分析。对技术发展和法律状态进行分析、判断。

3. 专利信息的战略性分析。一般围绕竞争战略目标进行信息收集、加工、分析并提出建议，制定竞争战略，提供决策参考。

例如，杭州市电子信息产业专利预警分析，通过对相关专利及其他信息进行面（整个行业专利竞争态势）、线（竞争对手技术发展及专利保护方向）、点（我方与竞争对手市场及产品策略交叉所遭遇的风险专利）不同层面的分析，从宏观和微观上全面揭示企业面临的知识产权风险，结合企业的产品特点和市场发展战略，提出规避风险、应对纠纷的对策建议。

二、专利信息分析的作用

提供发明创造的轨迹，揭示技术发展的趋势，展现竞争态势，为发展战略的制定实施提供参考。

三、专利信息分析的目的

了解行业和技术发展趋势，研究核心技术和关键技术点，掌握竞争公司和发明人，把握技术演变和技术预测，了解国内外技术动态，发现和开发空白技术，进行技术合作和技术转让，进行侵权和纠纷的权利分析，制定企业的专利战略。

四、专利信息分析的方法

专利信息分析方法有定量分析与定性分析，它们分别通过量的变化和内在质的变化，来反映技术的发展状况与发展趋势。

（一）专利信息的定量分析

通过对专利文献的外表特征进行统计分析，也就是通过专利文献固有的著录项目来识别相关信息，然后对有关指标进行统计，最后用不同方法对有关数据的变化进行解释，以取得动态发展趋势方面的情报。

分析可从国别、专利权人、专利分类、年度、发明人等不同角度进行，通常包括历年专利动向图、技术生命周期图、各国专利占有比例图、公司专利平均年龄图、专利排行榜表、专利引用族谱表、IPC 分析图等。

专利信息的定量分析中常用的分析方法有：时间趋势统计法、数量频次统计法、专利技术生命周期分析等。

（二）专利信息的定性分析

专利信息的定性分析也称技术分析，是以专利的技术内容或专利的“质”来识别专利，并按技术特征来归并有关专利使其有序化。它通常包括专利技术分布鸟瞰表、专利技术领域累计图、专利技术／功效矩阵表、主要公司技术分布表等。这和统计分析仅依靠专利文献外表特征是有很大区别的。在定性分析中，技术人员一般会对这些专利文献进行解读，以得到每一份文献的技术目的、采用的技术手段和达到的技术功效。

专利信息的定性分析具有很强的技术性、专业性，通常需要专利工作者与专业技术人员密切配合来完成。

专利信息的定性分析中常用的分析方法有矩阵分析、技术发展过程分析、关联关系分析、聚类分析、专利族分析、权利分析。

五、专利信息分析的主要内容

专利信息分析主要有行业技术发展及演变趋势分析、行业竞争的地域性分析、行业竞争者分析、行业发明人分析及企业自身技术能力比较分析。进行了以上分析后，形成专利信息分析报告。专利信息分析报告的构成为：①课题界定；②专利信息检索说明；③技术发展趋势分析；④地域技术特征分析；⑤竞争者分析；⑥综述和建议。

（一）行业技术发展及演变趋势的分析

企业涉足某种产品、技术的市场竞争，必须了解其技术发展变化趋势、影响这些变化趋势的技术因素、这些不同因素在不同地域的差别，以及这种差别源于哪些发明家。因此，进行产品、技术的发展及其演变趋势的分析，能够帮助企业了解竞争的技术环境，增强技术创新的目的性。

（二）行业竞争的地域性分析

1. 相关地域的技术发展趋势分析。它的目标是了解一个特定时期目标地域的技术演变过程和变化周期。

2. 相关地域的技术构成分析。它的目标是将目标地域技术的周期性变化细分，了解形成这种变化的主要技术因素，以便从中找出阶段性关键技术。

3. 相关地域的竞争者构成分析。它的目标是了解这些关键技术掌控在哪些申请人手中，并比较目标地域内申请人之间的技术差异。

4. 相关地域的发明人构成分析。它的目标是了解活跃在目标地域的发明人的构成和活跃程度。

5. 行业竞争的地域性分析。最后，在上述分析的基础上，进行地域竞争状况的总体描述。

（三）行业竞争者的分析

行业竞争取决于行业的供方、买方、竞争者、新进入者和替代产品，不同的企业提供的产品技术不同，其在行业中扮演的角色也就不同，为自身经济利益保护的专利类别也各不相同。因此，进行目标技术领域的申请人分析，了解行业竞争体系及其状况，有利于企业分析竞争环境，制定竞争策略和与之相关的专利战略。

1. 行业竞争结构分析。它的目标是通过其申报技术类型的区别，甄别行业的供方、买方、竞争者、新进入者。

2. 行业竞争者技术特长分析。它的目标是比较行业竞争者之间各自的技术构成差异。

3. 行业竞争者申报地域分布分析。它的目标是了解行业竞争者各自关注的竞争地域。

4. 行业竞争者技术来源分析。它的目标是了解为行业竞争者提供技术的发明人。

5. 行业竞争者的分析。综合上述行业竞争者分析，对行业竞争结构进行总体描述。

（四）行业发明人分析

发明人是技术的来源，了解发明人对于企业技术创新特别是技术合作具有重大意义。围绕某一核心技术，往往会衍生很多相关技术，表面上这些技术与核心技术之间未必有直接联系，但会对核心技术的效能产生很大的支撑作用，而通过发明人，这些不同类型的技术往往会产生某种关联。

1. 发明人趋势分析。它的目标是了解各个时期发明人的活动状况。

2. 发明人技术构成分析。它的目标是了解发明人进行发明活动的主要技术领域。

3. 发明人地域分布分析。它的目标是了解发明人主要活跃于哪些国家和地区。

4. 发明人的申请人构成分析。它的目标是了解发明人与申请人之间的合作情况。

（五）企业自身技术能力比较分析

在企业进行竞争战略决策和专利战略制定的过程中，需要对自身的竞争能力、技术创新能力做一个客观的评价，在行业竞争环境中与其他行业竞争者进行比较。在进行项目选择时应该对项目进行细分，通过差别分析了解具体的优势、劣势。

六、专利信息分析流程

（一）准备期

准备期的主要工作包括建立专利信息分析队伍、确定分析目标、研究背景资料、选定分析工具以及选择专利信息源等。对整个专利信息分析过程而言，准备期是保证专利信息分析达到目标的基础。

（二）分析期

分析期通常分为数据采集和数据分析两个阶段。相对于整个专利信息分析工作而言，分析期是专利信息分析工作的主体。

1. 数据采集阶段。它的主要任务是完成对分析目标的原始数据的采集，即确定分析目标群，其过程包括确定专业领域、拟订专利检索方案、进行专利检索、确定分析样本数据库等。

2. 数据分析阶段。它的主要任务是对分析样本数据库进行技术处理和分析解读，其过程包括数据清洗、按专利指标聚集数据、生成工作图表和深度分析目标群、分析与解读专利情报及撰写分析报告等。

（三）应用期

专利信息分析的最终目的，在于将专利情报应用于实际工作中。应用期的主要工作包括对分析报告进行评估、制定相应的专利战略以及专利战略的实施等。应用期的主要工作通常由专利信息分析报告的委托方组织实施。

第五章

专利布局

第一节　专利布局的基本原则

一、目的性

专利布局并不是一种毫无目的的、仅以数量取胜的专利申请行为。一般而言，专利布局的总体目标能对企业自身发展战略和商业模式形成有力支撑。专利布局体现为一种有目的、有规划并且持续的专利申请行为，正是这种依据一定的目的而规划或设计的专利申请行为，才能真正形成专利保护网，并借此实现专利价值的最大化。

盲目的专利申请虽然也可能会带来大量的专利，但这些专利在布局的结构或者撰写方面可能存在各种问题，因而无法有效发挥专利的基本保护功能，不能借这些专利实现对企业产品或技术的强力保护，最终可能导致企业在商业竞争中处于不利地位。

二、前瞻性

企业的专利申请和部署是为了能够在未来的市场竞争中形成有利格局。因此，企业在进行专利布局规划时要具有前瞻性，在专利布局策略上要瞄准未来市场的控制力和竞争力。

三、实效性

任何形式的专利布局的最终目的都是以合理的专利投入来保障企业的市场自由。理想的情况下，企业可以通过大量的专利圈地来建立严密的防护网。但现实情况是，企业每年的专利工作预算、专业人员配置、技术研发能力都有限，同时在某领域内已经积累了大量的专利或专利申请，这些专利或专利申请既成为企业市场拓展的障碍和潜在的风险，也压缩了企业专利布局的空间。

在实际开展专利布局时，企业需要考虑自身的技术优势，有重点地进行突围。大多数情况下，专利布局首先要确保方向正确，要紧紧围绕企业差异化的技术竞争优势来展开，通过个别布局点位上的突破来推动企业整体专利竞争优势的提升。

四、针对性

任何形式的专利布局的运用场景无外乎是以侵权诉讼、交叉许可、专利威慑等方式阻击竞争对手或削弱竞争对手的专利控制力和市场竞争力。因此，在考虑专利布局策略时，一定要立足于竞争的需求进行谋划。

五、匹配性

不同的产业运行规律、企业在产业中所处的不同地位和其市场体量，以及不同的技术/产品发展阶段，都需要企业在进行专利布局时制订不同的专利布局规划。

六、价值性

专利布局的效果并不是以数量取胜，而是以质量取胜。

专利的价值大小一般可以通过其技术的原创程度、技术的影响范围、所处的产业链位置、技术的市场竞争力、所归属的技术路线的发展趋势等诸多因素进行预先评判。

专利的价值不仅体现在单个专利的技术价值和法律价值，还体现在布局形成的专利组合的整体价值。

七、体系性

在进行专利布局时，还应该体系性地考虑需要多大数量规模的专利，以及这些专利需要保护什么样的技术主题、具备什么样的技术内容、彼此之间具备怎样的关联关系。

八、策略性

专利布局不是简单的数量堆砌；同样，专利布局也并不是求全求完美的完整覆盖。作为一种商业竞争的手段或是战略储备，基于有限的资源和特定的商业需求，专利布局一定要讲究策略性。

总体而言，专利布局是从目的性和前瞻性出发，并具体考虑实效性、针对性、匹配性、价值性和体系性，最终体现为策略性的灵活选择和综合运用。

第二节　专利布局的整体策略

一、保护式布局

对于以自身特色技术或产品立足的企业而言，建立自身的专利保护网是其基本需求，其一切的专利布局目标和市场意图都是凭借强大的自我专利保护网实现的。强大的自我专利保护网既是最好的防御措施，也往往是最有力的攻击武器。

保护式专利布局，一般是围绕企业自身的技术创新活动开展的，其专利一般都和企业自身的技术或产品方案密切相关。这些专利的主要目标是对企业技术创新成果以及应用这些成果的产品提供充分的专利保护屏障，借此确保企业在该成果上的技术控制和竞争优势，提高技术跟随者尤其是竞争对手的规避设计难度和研发成本。构建保护式布局时，各种要素都要进行充分考虑，既要有高质量的基础专利，又要有足够的各种外围扩展专利，还需要对保护体系长时间的精心维护。

二、对抗式布局

企业都会面临竞争对手在某个或某些技术领域方面的专利威胁，而为了预防和抵御其竞争对手针对企业可能发动的专利攻击，可以采取对抗式专利布局。相对于保护式布局，对抗式布局的着眼点是竞争对手的原始创新，是围绕竞争对手在某些关键技术上的专利布局实施封堵式或突围式的布局，针对竞争对手的技术发展方向或产品拓展方向铺设专利，意图在一定时期内减轻或消除竞争对手在特定技术领域或特定地域范围内的专利威胁，为企业赢取足够的市场自由或是技术追赶时间。

三、储备式布局

除了最常见的保护式布局和对抗式布局外，具有长期技术研发计划和产品规划的企业还需要考虑储备式布局。这种布局中的专利大多属于前瞻性技术方案和提前圈地性质的技术方案，是为企业未来发展做储备的。

第三节　专利布局的考虑因素

一、企业层面

1. 企业的专利战略定位。

2. 企业相关人员的数量和资源投入。

3. 企业产品的市场占有情况。

4. 企业的市场扩张情况。

5. 企业的商业运作模式。

6. 其他需要考虑的企业因素。如需要对企业的上下游合作情况、技术合作方式、生产外包情况、标准化战略等进行考虑。

二、产业层面

1. 产业的发展阶段。

2. 产业专利分布现状和变化情况。

3. 其他需要考虑的产业因素。如需要考虑产业垂直整合情况、全球产业布局分工情况、产业升级改造态势、产业政策的制定和调整情况等。

三、产品层面

1. 产品的重要度。
2. 产品的成熟度。
3. 产品的原创性。
4. 产品的系列性。

四、竞争对手层面

1. 竞争对手的战略动态。
2. 竞争对手的市场动向。
3. 竞争对手的产业合作关系。
4. 竞争对手的专利实力和诉讼习惯。

第四节 专利布局的一般流程

一、专利布局的参与主体

在专利布局方案的制订过程中，通常会涉及四个主要的部门或内部主体：专利管理部门、公司管理层、市场部门和研发部门（技术部门）。

二、专利布局的基本环节

专利布局的基本环节包括市场调查、技术调查、产业调查、专利调查、策略选择、布局规划、布局实施、布局优化等。

三、专利布局的实施步骤

一般而言，专利布局可以基于下面几个步骤开展，详见图 5-1。

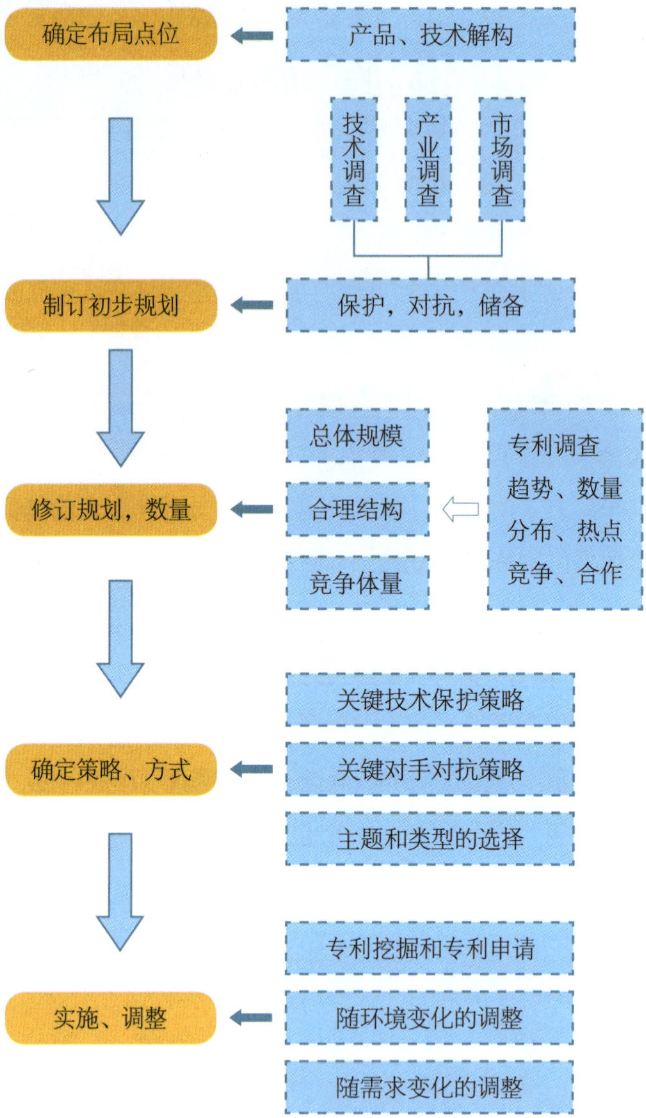

图 5-1　专利布局的实施步骤

四、专利布局的短、中、长期规划

短期专利布局规划的主要任务在于为即将上市的产品提供专利保护，针对产品开发中的各项技术成果进行专利挖掘，在其优势技术点上进行重点部署，并完成既定的专利申请量指标；同时配合企业的中长期发展规划，执行中长期专利布局的工作，关注下一代产品的专利部署，启动基本的专利保护点的铺设工作。

中期专利布局规划的主要任务在于结合企业的中期产品规划和商业发展情况，以及竞争对手的专利申请状况，完成阶段性的布局目标，根据需求初步完成保护式专利布局、对抗式专利布局或储备式专利布局，形成一定数量规模的专利组合。

长期专利布局规划的主要任务是与企业的长期商业发展战略、产品规划路线和专利定位相呼应，支撑企业未来的市场发展。一般而言，企业的长期专利布局规划要更加关注提升其专利的整体价值。

第五节　专利布局的要素结构

一、技术结构

技术结构是任何一种专利布局的基础要素结构。技术具有延续性、关联性和应有性等特点。因此，在考虑专利布局的技术结构时，主要是从上述三个方面考虑的。技术结构包含纵向结构、横向结构和枝蔓结构。

首先，专利布局要围绕技术的延续、纵深发展形成纵向布局结构。

其次，专利布局要围绕不同技术之间的关联支撑关系形成横向布局结构。

最后，专利布局要围绕各种技术应用场景形成枝蔓布局结构。

二、产品结构

一般而言，产品是技术的最终应用形态，也往往是技术的应用性和关联性的直接体现，产品的更新换代和技术的纵深发展之间也是相互促进、互为因果的关系。因此，专利布局在围绕具体技术层面，考虑技术结构的同时，也必然需要考虑围绕产品层面的布局结构。

考虑到产品的技术复杂性和集成性的特点，围绕产品的专利布局结构需要重点考虑层级性、交叉性和突出性。

三、价值结构

无论是从收益角度还是从限制排他角度而言，专利布局的终极目标均应该是获取高价值的专利组合。相应地，对专利布局结构的设计和考量，除了传统的技术结构、产品结构外，更加需要关注其价值结构。

一般而言，高价值的专利往往出现在产业的三个端点上，即基础原料端、用户使用端和产业标准端。由于所有的产品都不可避免地要用到基础原料；产品要能有大范围的市场接受，也必须符合产业标准；而产品要能够在各种竞争中脱颖而出，也必然需要在满足用户使用需求方面具有独特之处。因此，基础原料端、用户使用端和产业标准端是任何一个试图在市场上成功的产品无法绕开的方面，若在这些位置拥有了若干高质量专利，也就相应地获得了广泛的产业控制力和市场影响力。

四、地域结构

基于专利制度的地域性特点，任何一件专利所能发挥的作用都是限定在特定地域范围内的。基于用户习惯、风俗、生活环境、商业规则等的地域差异，很多产品的成功也往往是和地域的特点结合在一起的。因此，从专利布局的实效性角度看，在从技术、产品、产业链等角度明确了布局点位后，专利布局的地域结构的选择是实现专利价值的重要因素。

五、时间结构

基于专利申请本身和保护具有限定期限的特点，以及技术和产业发展的时间演进特性，在专利布局时必须考虑其时间结构。对专利布局时间结构进行合理设计的主要目的在于，平衡专利保护期的有限性与产业成长发展的漫长性之间的矛盾，使专利申请的时间步伐尽可能地贴近技术产业化的步伐，既不过早地泄露技术研发动向，也不丧失对关键技术点的占位时机，从而为其核心技术尽可能地争取最为有利的保护时间结果。

六、类型结构

根据技术方案自身的特点、重要程度、紧要程度以及保密程度，企业可以选择发明、实用新型、外观设计三种不同的专利保护形式，也可以选择商业秘密的方式进行技术成果的保护。

七、权利结构

专利布局的整体过程无论是始自技术结构、产品结构的设计，还是始自地域结构的设计，最终都要通过具体的权利结构来落实。对权利结构的设计是否得当，既决定了专利的质量高低，也在一定程度上反映了企业专利布局的意图。

八、来源结构

一般情况下，企业的专利布局以对自身的原始创新、跟随式创新、集成创新等研发成果的挖掘所形成的专利为主。除此之外，还可以包括在委托开发、合作研发中获得的具有专利权或共有专利权的专利，也可以包括通过购买、并购方式所获取的专利，以及其所在的各类企业联盟中成员彼此共享的专利。这些专利与企业自身挖掘获得的专利共同构成了企业专利布局的来源结构。

第六节 专利布局的典型模式

一、专利布局的功能类型

以专利布局的整体结构和战略需求来看，其中的各个专利基于自身的特点发挥着不同功能和作用。基于功能和作用的不同，布局结构中的专利可分为以下几种类型：

1. 基础性专利。基础性专利主要是覆盖了创新技术成果的核心或基本方案的最主要技术特征，为其提供最大保护范围的若干专利。这些专利发挥了对该技术成果最基础、最重要的保护和控制作用。

2. 竞争性专利。竞争性专利主要是为解决同一技术问题，或为实现相同或相近的技术效果而采取的不同替代技术方案的专利。

3. 互补性专利。互补性专利主要是围绕核心或基本方案衍生出的各类改进型方案的专利，包括对技术本身的优化、改进方案，与各种产品结合时产生的具体应用方案等。

4. 支撑性专利。支撑性专利主要是对核心或基本方案的具体实施起到配套、支撑作用的相关技术的专利。

5. 延伸性专利。延伸性专利主要是核心或基本方案在向其他应用领域扩展时所衍生出的各种方案，以及其与这些领域中的相关技术相结合时产生的技术组合方案。

6. 迷惑性专利。企业通过内部判断，可以有意选择若干产业前景或市场前景并不看好，或是成本竞争力不足，或是技术缺陷明显等实际上为企业所放弃的技术方案来申请专利。申请这类专利的主要目的并不是保护企业的技术方案，而是迷惑竞争对手，让竞争对手难以发现企业真正的技术或产品规划，引导竞争对手选择错误的竞争点位。

7. 防御性公开专利。为了控制专利申请和管理成本，企业对于部分认为自身价值不大，但又有可能为企业所关注或采用的技术成果，可以采用防御性公开的方式。

二、专利布局的经典策略模式

1. 特定的阻绝与规避设计。特定的阻绝是指仅用一个或少数几个专利来保护特定用途的发明，申请与维护成本较低。其缺点是竞争对手容易利用规避设计来避开该专利的效力。也有人称这种专利布局策略为阻击者策略。

2. 策略型专利。专利权拥有者想要保有竞争优势，就应该避免让竞争对手有规避设计的机会，否则该专利就容易完全失去价值。策略型专利是一类具有较大阻绝功效的专利，像是某特定产品领域所必需的技术或是路障性专利，它具有阻碍性高、无法规避设计的特点。也有人称这种专利布局策略为阻塞策略。

3. 地毯式专利布局。如果没有绝佳的策略型专利，也可以形成类似于布雷区的地毯式专利布局。例如，有系统地在每一步骤中用专利来形成地雷区，以阻断竞争者进入；而对于强行侵入技术领域的竞争对手，可通过专利诉讼的方式将其逐出该领域。

地毯式专利布局模式一般可用于不确定性高的新兴技术，各种研发方向都能产出结果，或是专利的重要性尚未明朗化的时期。这种布局有一定条件和要求：足够的资金以及研发能力的配合。如果没有系统性的专利布局，则容易演变为专利泛滥。

4. 专利围墙。专利围墙是利用系列式的专利形成对竞争对手研发的阻碍。当许多不同的技术解决方案都可达到类似功能的结果时就可以考虑专利围墙的布局模式。也有人称这种专利布局策略为隔离策略。

5. 包绕式专利布局。包绕式专利布局是以多个小专利包绕着竞争对手的重要专利，这些小专利本身价值或许不高，但其组合可以阻碍竞争对手重要专利的有效商业应用。

6. 组合式专利布局。以各种结构和方式形成如网络状的组合式专利布局，可以强化技术保护的强度或成为谈判有利的筹码。

第七节　专利组合的类型

布局的每个技术点，实际上都可能是若干专利组成的专利组合。因此，在考虑具体的专利布局方式时，还可以从选择特定的组合类型角度来落实。根据专利组合的结构形态，可以分为集束型、降落伞型、星系型、链型和网状覆盖型五种基本模式。在这些模式中，以基础性专利为核心，将不同类型的专利与基础性专利进行组合，可以为某项技术或产品提供不同的保护效果。在此基础上，还可以进一步形成策略组合的综合类型。

一、集束型专利组合

集束型专利组合见图 5-2。

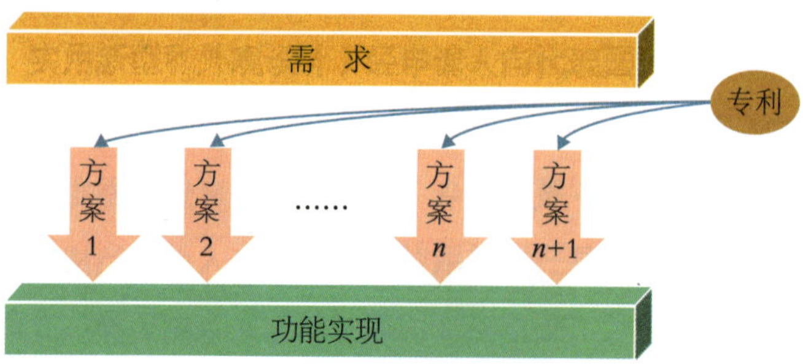

图 5-2　集束型专利组合示意图

二、降落伞型专利组合

降落伞型专利组合见图 5-3。

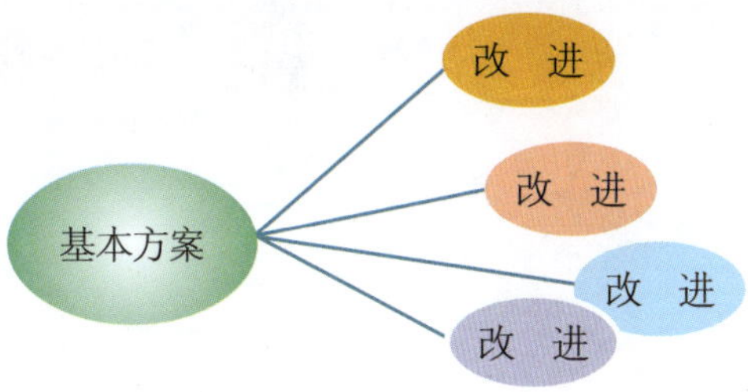

图 5-3 降落伞型专利组合示意图

三、星系型专利组合

星系型专利组合见图 5-4。

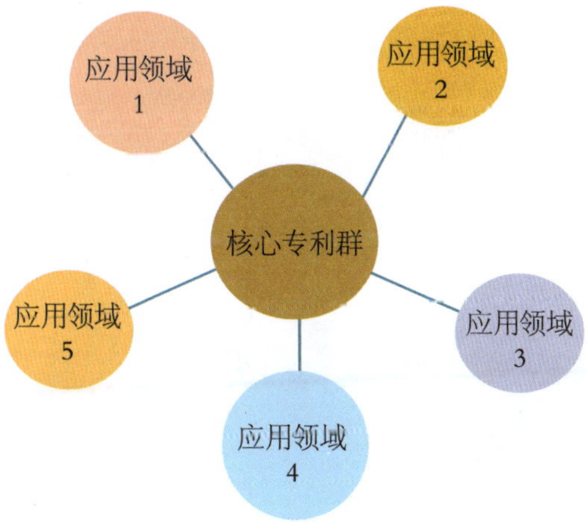

图 5-4 星系型专利组合示意图

四、链型专利组合

链型专利组合见图 5-5。

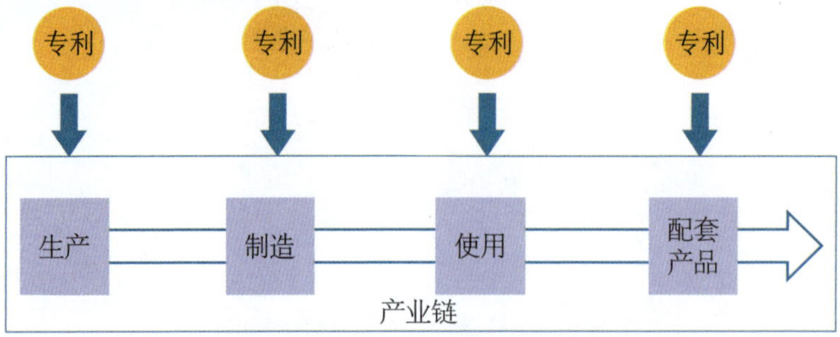

图 5-5　链型专利组合示意图

五、网状覆盖型专利组合

网状覆盖型专利组合见图 5-6。

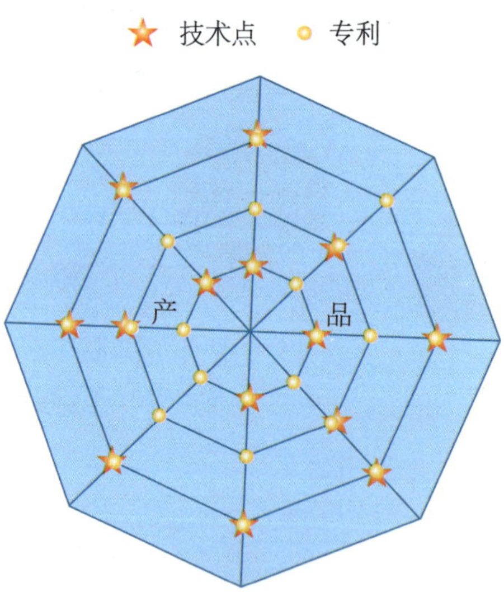

图 5-6　网状覆盖型专利组合示意图

专利布局其实并无太固定的格式与规则，其基本原则是根据整个市场的专利状况、自身的专利状况包括财力、人力以及相关因素的综合考虑进行合理的规划。前述各种专利布局并未囊括所有类型，也不可能做到这一点；同时，各种基本的专利布局之间可以进行各种组合或变形，从而形成一个专利防护网。优质的专利防护网应该具有严密、有层次感且性能价格比优越的特点。所谓严密就是密不透风，不给对手以可乘之机，这不是说专利越多就越严密，更重要的是对质量的把握以及对技术研发方向的研判。